A Journey of Western Aesthetics

审美如同旅行，到达目的地与经历一段过程同样重要。

西方美的历程

A Journey of Western Aesthetics

程波 著

中国财经出版传媒集团
中国财政经济出版社

图书在版编目（CIP）数据

西方美的历程 / 程波著. -- 北京 : 中国财政经济出版社，2015.11
（艺术的历程系列）
ISBN 978-7-5095-6316-8

Ⅰ. ①西… Ⅱ. ①程… Ⅲ. ①美学史－西方国家 Ⅳ. ①B83-095

中国版本图书馆CIP数据核字(2015)第163319号

责任编辑：赵甲思　　封面设计：风信子
特约编辑：赵珏　　版面制作：风信子

中国财政经济出版社出版
URL:http//www.cfeph.cn
E-mail:cfeph@cfeph.cn

社址：北京市海淀区阜成路甲28号　邮政编码：100142
营销中心电话：010-88190406　北京财经书店电话：010-64033436
北京时捷印刷有限公司印制　各地新华书店经销
185×245毫米　16开　17.5印张　256 000字
2015年11月第1版　2015年11月北京第1次印刷
定价：75.00元
ISBN 978-7-5095-6316-8/J·0032
（图书出现印装问题，本社负责调换）
本社质量投诉电话：010-88190744
反盗版举报热线：88190492　88190446

Contents 目录

绪 论

也许每个人对美都具有感受力，就像每个人都可能对自己的衣着和自己家的装修有着自己的想法一样，只不过有的人感受力强一些，有些人弱一些，但是并不是每个人都真正地理解美。“理解美”，不但要知其然，还要知其所以然，是把关于美的感受上升到一定的理论高度。然而，“美”似乎偏偏又是一种说不清道不明的东西。到底什么是美？人们在判断美与丑的时候，是有着可以普遍遵循的原则呢，还是完全根据自己的喜好？诸如此类的问题，不要说是一般人，就是在审美领域工作的艺术家或艺术爱好者，也很难说得清楚。这种时候，就需要“美学”出场了。

也许有人要说，我去读一篇小说或者去看一幅画，我欣赏了感受了，这就足够了，我干吗非要去了解那些复杂高深的理论呢？应该说，这种想法普遍存在而且也有相当的合理性，确实，我们没有必要在日常生活中，把那些鲜活的、让我们感受到愉悦的审美活动变成学术探讨。但有一个浅显的道理——理论指导实践，在这里还是适用的。我们可能都有过这样的经验：当看完一部小说，掩上书卷，我们的内心被它所打动，似乎有千言万语要说，但真的要张口时，却又不知道该从何说起了。如果你懂一些美学，知道一些美学的知识和理论，这种时候，你可能就能找到一种恰当的表达方式，不一定会滔滔不绝，但至少不会“失语”。我们可能还有过这样的经验：有的时候，我们去欣赏艺术作品，会感到难以进入，感到“不懂”，但当我们了解一些相关的背景知识，学到了某种欣赏的方法之后，我们就会比先前进步很多，甚至会有一种豁然开朗的感觉。可见，不论是对于培养我们的审美素质来说，还是对于审美表达来说，一定的理论修养都是必要的。所谓的理论修养，并不是要满嘴学术名词，讲起话来一二三四、之乎者也，而是说，通过对理论的了解，把前人的共同经验继承下来，让它在我们的审美活动中起到指导和借鉴的作用。从这个意义上说，美学并不是高高在上，和我们的生活无关。“美”无处不在，审美无处不在，美学其实就在我们的身边，只不过我们自己没有意识到而已。

笼统地说，所谓“美学”，就是研究“美”的学问。如果稍微具体一点，美的学问至少又包括这样几个层次的问题：第一，美的本质问题。也就是说，美是什么？第二，美和人、自然、社会之间的关系问题。也就是说，在主观和客观世界中，审美具有什么样的规律？第三，在各种媒介之中，特别是各种艺术形式中，美如何体现出来的问题。也就是说，我们如何通过对具体艺术门类、艺术作品的理解，从而理解更普遍的“美”？在思维的方法上，美学和哲学类似，但在关注的对象上，美学又是在面对艺术，所以，我们可以进一步给美学下一个通俗的定义：用哲学的方式研究艺术——不是研究艺术个体，而是研究艺术的普遍规律，研究美。所以在很多时候，“美学”这个词和“文艺理论”、“艺术哲学”这些词内涵相近。美学是联系人类哲学思想和艺术活动的纽带，是在两者之间的广阔领域中寻找真理、获得认知、探求规律和指导实践的学问。

既然美学是对“美”的理解，那不同的历史、文化、地域就会存在理解角度和习惯上的区别，虽然对于一些诸如上面所说的基本问题，中西方的美学都在关注，但两者存在明显的区别。从总体上说，中国的哲学和美学，比较重视理论观点的形成，习惯于一下子就达到某种思想的高度，而对于结论形成之前的思维过程相对轻视，所以，中国哲学讲求体悟，而不重逻辑推理；中国的艺术含蓄，追求意境；中国的美学高妙灵动，但似乎缺乏些体系性。相比较而言，西方哲学习惯于思辨，不仅要形成结论，而且要把结论如何形成的过程也表达出来，所以，西方美学往往理论体系众多庞大，而且一个理论体系和另一个理论体系之间又有着这样那样的联系。当然，我们这是从东西方美学的总体趋势上做大致的区分，其实，中国也有诸如《文心雕龙》这样体系性极强的美学著作，而西方美学传统中也有高妙含蓄的一面。而且，随着东西方文化交流的日益频繁，东西方美学也表现出相互借鉴、相互影响的情况：比如说，在20世纪初有所谓“西学东渐”潮流影响中国，而西方从伏尔泰、歌德等人开始，就一直有着对于东方文化的好奇心，而且，20 世纪以来，西方的美学家艺术家日益感到西方现代社会对于人性的压抑，因而也迫切地想求助于东方思想和艺术作为对抗这种压抑的手段之一。所以，从现实的角度上说，西方美学并不遥远，我们去了解它，不但能通过它了解超越了东西方的普遍的美学，而且还能在一种参照之中，加深我们对自己的文化的理解。

在西方，“美学”作为一门独立的学科，是 18 世纪的事情——18 世纪德国的理论家鲍姆加通给“美学学科”命了名。但对“美”进行的自觉探讨和研究，其实从古希腊就已经开始了，而且一直没有中断，只不过西方美学的发展有一个从自然哲学进入社会和人文科学领域的过程，同时也有一个从其伴生的哲学体系中逐渐独立出来，从具体的创造美的实践（文学艺术）中抽象和升华出来的过程。我们要去了解的西方美学，并不是仅仅作为“独立学科”的美学，而是在西方文化发展过程中，现实存在的美学。

本书是关于西方美学的讲读，要用一个不大的篇幅涵盖这样一个庞大的内容，几乎是一个不可能完成的任务。所以，为了能尽可能地包含西方美学的主要成果而又不显得混乱，为了具有一定的理论深度而又不显得枯燥乏味，笔者的策略是：一方面，以时间为纵轴，以美学三个层面的某些母题为横轴，对西方美学思想的整体框架和历史变迁作一个“提纲挈领”式的归纳。另一方面，把美学思想的发展和其历史哲学背景，以及其和美学实践（各种门类的艺术创作，特别是文学和造型艺术）之间的互动关系，对照着展现出来，在“散点透视”中把更多的知识点和趣味性嵌入对美学的讲读之中。当然，这些只是笔者的愿望，至于结果是否符合初衷，还待读者阅读体验。好在书中除了文字，还配有大量图片，在图文的相互参照中，希望您不会感到枯燥。

第一章

"言必称希腊"，未必是"条条大路通罗马"

西方的美学和艺术开端于古希腊，后世关于美的很多观念、论争都可以在古希腊找到源头，“言必称希腊”常被人用来形容那些食古不化、动不动就掉老祖宗书袋的人，但讲西方美学，我们还真得“言必称希腊”。

美学从希腊时期发展到罗马时期的过程中，经由亚历山大里亚的希腊化时期，出现了纷繁复杂的多种流派和思潮，但“取法乎上，仅得其中”，总体上说艺术文雅精致了，但也相对肤浅了。从希腊通往罗马的美学和艺术之路，虽然看上去有很多条，但真正走通的并不多。

>>>

爱琴海，美在西方最初的摇篮

美学，艺术的弃婴，还是哲学的宠儿？

打开任何一张世界地图，即便是对地理方位很不敏感的人，找到“地中海”都不会是一件困难的事情。这是一片每年绝大部分时间都有着灿烂阳光、从还没有被命名就被欧洲人当作世界中心的水域，在它的周围，是南欧、北非和西亚，除了另一个被认为是世界中心的陆地——“中国”之外，人类的最古老文明似乎都与它有着这样那样的密切联系。克里特岛以北、和黑海相连的那一片地中海，在汉语里有个优美的名字——“爱琴海”，那是希腊神话中女神们沐浴的地方，是海神波塞冬架着战车挥动三叉戟纵情驰骋的所在。

爱琴海的西岸和北岸，就是希腊——西方文明最主要的一个源头。一部西方文明史，就像是这样的一个故事：古希腊人从雅典出海，带着他们所有的钱财和思想，他们走了很远，直到他们走累了，开始怀念自己家乡的时候，面前还是一片汪洋大海，于是他们不再奢望亲自到达世界的每一个角落，而是把他们的智慧与创造溶化在了海水里，让它们随着时而汹涌时而平静的波涛，从爱琴海延伸到整个地中海，再穿过直布罗陀海峡向更广阔的大西洋漂去。他们像尤里西斯一样归心似箭地回到家乡，他们的后代至今仍然生活在那个叫“希腊”的地方，而他们的文明，在几千年来“爱琴海文明”——“地中海文明”——“大西洋文明”的演变过程中，虽然有时被掩盖，但一直没有丢失；它们用这样那样的方式延续着，从来也没有被受惠于他们的后人遗忘。

西方美学就像是古希腊人从那艘文明之船上抛入海中的种子，后来在海浪能拍打到的陆地上生长出树木和森林。我们想直接回到西方美学的历史源头开始我们的讲述，就像是直接登上当初离开雅典的那艘船一样，而

这只能是一种愿望而已，我们实际上能做的，不过是溯源而上，然后再顺流而下，像个好奇的孩子，沿途捡起一些叫得出名字或是叫不出名字的美丽贝壳。

我们要说的西方美学，毫无疑问是从古希腊发端的。美学从一开始就不是孤立的、封闭的，它的产生不可能是“无中生有”式的，而是从比它更古老的相关资源中逐步萌芽、发展、剥离而来的。在古希腊至少有这样两种资源对美学的萌芽至关重要——那就是神话艺术和哲学思想。

任何神话都是一种对于社会、思想和文化的曲折表现，是用神的世界展示人的世界。希腊神话来自民间，它的瑰丽和宏大包含了希腊上古的先民对于自己民族的历史、思想朦胧的集体认识，在神话中，我们看不到“个人”，它不是由哪一个人创造的，它的风格也不会带有哪一个人的好恶。但随着时间的推移，个人的创造性通过新的艺术形式——诗歌逐渐显现了出来。荷马（Homer，约公元前 9 世纪—公元前 8 世纪）和赫西俄德（Hesiod，公元前 8 世纪）的诗歌好似神话和现实世界之间的桥梁，他们把神的世界那些和人相

1 | 2 | 3

1 爱琴海景色

2 威廉·阿道夫·布格罗，《荷马和他的带路者》1874，布面油画，208.9 厘米 × 142.9 厘米，美国密尔沃基美术博物馆

3 居斯塔夫·莫罗，《赫西俄德和缪斯》1891，木板油画，59厘米 × 34.5厘米，法国奥赛美术馆

似的纠葛和情感讲给人听——尽管他们还是从神话中吸取营养，但个体诗人的创造性和个体的思维方式已经凸显出来了，他们分别找到了自己擅长的形式——前者用叙事体的史诗，后者用抒情体的田园诗，把人世间的那些偷盗、淫乱和尔虞我诈的罪责以及美好的向往和感情，通过神的世界表现了出来。

从神话到诗歌，再后来，就是戏剧了。在公元前 5 世纪，起源于宗教祭祀活动和民间节庆表演的古希腊戏剧发展到了顶峰，其中的代表是埃斯库罗斯（Aeschylus，约前 525—前 456）、索福克勒斯（Sophocles，约前 496—前 406）、欧里庇德斯（Euripides，前 485—前 406）的悲剧，阿里斯托芬（Aristophanes，约前 446—前 385）的喜剧。与此同时，建筑、雕塑、绘画、音乐等艺术也十分繁荣，虽然这其中的大多数作品随着时间的流逝，湮灭于历史的长河之中，人们只能依稀看到它们的样子，但上古希腊的文学艺术成就就像至今依然屹立雅典卫城的帕特农神庙那样，让后来者顶礼膜拜、遐思不已。

如果说，上古希腊丰富的艺术实践活动为美学的萌芽准备了现实基础的话，那么思想家和哲学家则在思维方式和话语方式上为美学的萌芽作

了准备。在西方有一种普遍的观点，认为哲学是从泰勒斯（Thales，约前624—前546）开始的，因为他在历史的记载中预言过一次日食，而后来的天文学家们推算出那次日食出现的时间是公元前585年，所以公元前6世纪初期被认为是西方哲学诞生的时期。公元前4世纪是希腊思辨哲学发展的高潮时期，我们现在时常提起的苏格拉底（Socrates，前469—前399）、柏拉图（Plato，约前427—前347）、亚里士多德（Aristotélēs，前384—前322）这些在人类文明史上璀璨的星座，就是在那一个世纪中相继闪耀的，而在此之前，是更多的思想家们的一两百年的思想积累为他们的辉煌积聚了能量。公元前6世纪和公元前5世纪的希腊智者们大多没有完整的著作传于后世，只能在后来的柏拉图、亚里士多德这些大思想家的作品里看见只言片语，即便是像苏格拉底这样的思想家，也多亏他的弟子柏拉图和色诺芬（Xenophon，约前430—前354）的著作，才能有事迹和学说传世。这种情况可能在任何一种古代文明，发展到有文字记载和没有文字记载相交错的阶段都会出现，就像中国的《论语》除了通过孔子（前551—前479）门生之笔记述了孔子的言论，还间接地通过孔子之口记述了比孔子更早的思想家的言论。

事物的起源似乎自然而然，后来者反过去看却又是相当复杂的事情，我

1 2

1 帕特农神庙的西门楣

2 帕特农神庙西面墙上的雕刻
前477—前433

们到底该从哪里切入，开始讲述西方美学的萌芽呢？

美学在古希腊产生的两大基础无疑是艺术和哲学，我们可以试想一下，如果艺术和哲学两者之间出现了不协调的碰撞，那么会不会激发出新鲜的思想呢？就像两个大陆板块相互挤压产生了新的山脉一样。这是逻辑上的推想，而历史常常有符合逻辑的一面，柏拉图在他的《理想国》中记述过，在公元前 6 世纪和公元前 5 世纪，希腊的两派人之间确实发生过一场旷日持久的“诗歌和哲学之间的古老论争”。当时，诗人和哲学家都认为自己独自拥有智慧之源：哲学家指责诗人们假聪明和真无知，诗人则认为自己用神妙的音乐性和恰当的形象开导了民众的思想，说明了事物和人生的本质。诗人们醉心于诗歌和神话的结合，哲学家们则反对这样做，他们要把真理还原到数学、逻辑学和宇宙学说上去。

我们知道，在古希腊，哲学家们一直渴望达到一种“哲王”的理想。在后世发现的古希腊的硬币上，毕达哥拉斯（Pythagoras，约前 580—约前 500）像是这样的：他的右手指着摆在他面前的地球，左手拿着一个君主的权杖，一副通晓万物、高高在上、神圣不可侵犯的样子。这个形象，如果正面来看，表现出的是哲学家们梦想着同时拥有最高的权力和万能的知识，显示的是一种积极的人生追求；负面来看，也正可以解释，哲学家们为什么指责诗人——这不仅仅是有关知识和真理的争论，多少都包含着力图抬高自己，获得更多的权力的意味。我们现在很难说清楚也没有必要说清“诗歌和哲学之争”的细节，但是回过头去，从审美理论发生的角度看，有一点是明显的——这场争论暴露了哲学和艺术之间原本就存在的裂隙。我们要问：艺术能否揭示真理，或者说，美是否具有认识功能呢？如果具有，那美的认识方式和哲学的认识方式又有什么不同？诸如此类的为后人争论不休的问题，从那个时候其实就暴露了出来。

1812 年的某个夜晚，英国浪漫主义诗人雪莱（Percy Bysshe Shelley，1792—1822）在为自己的美学理论著作《诗辨》而准备的书稿纸上，郑重地用鹅毛笔写下：“诗人兼具预言家和立法者的职能”。这是他写出《西风颂》中“冬天已经到了，春天还会远吗？”之后的事情。众所周知，雪莱是一个极有社会责任感和政治抱负的诗人，他的身上似乎同时流着社会哲学家和诗人这两种血液。上面的两句话就是分别从这两种血液中流淌而出的：

他在用美妙的诗句表达了某个意思之后，又更明确、更坚定地用哲学家的语言深化了这个意思。那么，对于我们来说两种表达方式给你带来的感觉一样吗？我想，应该是不一样的，那我们需要用什么样的语言和方式说出两者的不同呢？

用哲学的方式对诗歌和艺术说点什么，这是美学的“通俗”说法。

还有一个例子，就是德国哲学家尼采（Friedrich Wilhelm Nietzsche，1844—1900）。对尼采稍有了解的人都知道，在他的气质中，始终包含者“诗人尼采”和“哲学家尼采”两种力量的角力和斗争，他的一生都力图把这两方面结合成一个整体表现出来。也许因为他没有真正做到这一点，才给历史留下了这样一个矛盾的、生动的尼采；但这种矛盾在尼采这样自诩为“太阳”、有着超强意志力的人身上都没有解决，这又说明了什么呢？

雪莱和尼采，一个是意识到诗歌需要靠近哲学的“诗人”，一个是具有

1

1 毕达哥拉斯头像
年代不详，大理石，罗马
梵蒂冈博物馆

诗人气质和话语方式的“哲学家”，这很有意思。可以说，他们的存在本身就是一种象征，象征着这个世界上需要也存在着一种东西，把诗歌和哲学之间的缝隙填起来——这种东西就是美学，它不同于前两者，却能把它们紧密地联系到一起。

美学的萌芽时期，从另一个角度上说，就是哲学和诗歌（广义上的艺术）之间还没有充实的填充物、也就是说还不能紧密地联系起哲学和艺术的时候。希腊早期关于“美”的问题，似乎和艺术没有什么关系，而是较为零散地渗透在这样几个哲学的分支之中：其一是关于宇宙学说的自然哲学；其二是关于心理和伦理的哲学分支；其三是关于具体的技术的理论，比如几何学、作为技术而不是作为艺术的音乐理论和修辞学等。因为早期的哲学和科学几乎是结合在一起的，所以苏格拉底之前的关于美的论述看上去都有着浓重的“科学味”。

德谟克里特（Democritus，约前 460—前 370）和赫拉克里特（Heraclitus，约前 530—前 470）是宇宙论和原子论最早的代表。他们和其他一些早期的宇宙学者一样，把宇宙看作是一个整体，是各种对立物——冷与热、明与暗、昼与夜等的结合，有时候矛盾的一方处于优势，有时优势又会像钟摆一样转到另一方，宇宙就是这样按照它自己的节奏无穷地变化和运动着。人类的生与死、欢乐和痛苦、幸福和灾难的交替和平衡，也正是宇宙的这种节奏的体现。在变化的事物的背后，存在着一个至高无上的宇宙本原，它在对立现象的变化中始终保持着一种均衡的状态。在唯物主义的宇宙学者那里，宇宙的本原是“原子”，在具有唯心倾向的宇宙学者那里，这种本原又被视作一个类似神灵的存在。“美”是什么？他们坚定地认为，“美”就是这种均衡的宇宙本原的显现。

人类总是用自己熟悉的方式去描绘宇宙的结构和形状，这是很自然的事情，所以毕达哥拉斯就认为球形是宇宙的形状，因为他认为球形是所有的立体形态中最美的，就像圆是平面图形中最美的一样。从一定意义上说，毕达哥拉斯可能是西方文明史上第一个认为“地”是球形的人，虽然他的根据显然是审美的而不是科学的。不过要注意，“美”在这里成了人类用一种“拟人化”的方式解释宇宙学说时的用词，可见，这时的“美”还只是宇宙学说的“衍生物”而已。

毕达哥拉斯学派认为万物最根本的因素是“数”，数的规律和原则统治着宇宙中的一切现象。从这样的看法出发，他们得出了“美就是比例的和谐”这样的观点。他们先是从数学和声学的角度去看待音乐，把音乐还原成发音体数量上的差异和比例关系，和谐的声音在一起就成为美的音乐。进而他们把“美是和谐”的观点推广到建筑、雕塑等更多的艺术形式之中。

他们热衷于从现实的经验中寻求什么样的比例关系才能产生美的效果，热衷于找出一些规范。其中最著名的规范就是我们熟知的“黄金分割”（即把一条线段分成两部分，其中一部分和全长的比值等于另一部分和这部分的比值，这个比值大约为 0.618，他们认为最美的线形就长和宽的比例为此的长方形）。它的典范之一就是维纳斯雕像。这样单纯地从技术和形式上理解美的思想方法，可以说是后世时常出现的形式主义美学的鼻祖了。

在儿童心理学和原始人类学（由于儿童和早期人类在思维和行为上有相似之处，所以这两种学科时常相互借鉴）中，有一个概念叫作“哥白尼式的革命”，是指不论个体的人还是整体的人类，在其早期的思维方式上，都会经历一个把自己当作是“宇宙中心”的阶段，然后才会随着成长破除“自我中心”，就像哥白尼（Copernicus，1473—1543）破除“地心说”一

1

1 德国哲学家尼采

样。我们不妨学究一把，套用一下这个概念。

古希腊人时常挂在嘴边的一句话是“人是万物的尺度”，把美和宇宙联系起来，并不是他们真正的意图，他们始终是要把“美”从“宇宙”过渡到“人”的，这需要在伦理和心理的层面上提出和“美”相关的概念。德谟克里特最早用“小宇宙”的概念来指称人，他的意思是说，宇宙的结构和特点可以小规模地反映在某些特定的现象和事物中——比如人，反过来，我们可以引申出这样的意思：“小宇宙”是对“宇宙”的模仿，是对更高级别事物的“模仿”。再进一步，我们似乎已经看到了“艺术是对自然的‘模仿’”这一著名的美学论断的影子了。德谟克里特虽然还没有明确地提出艺术的模仿说，但他却指出了宇宙和人的心灵的关系，他认为一个具有卓越禀赋的心灵，一旦领悟到了宇宙中那个至高无上的实体的活动，就会产生充满诗意的幻想。——这就是所谓的“灵感理论”。他把“美”和人的心理联系了起来。赫拉克里特也曾经提出过类似“按照自然而生活”这样的思想，言下之意是说人应该“模仿”宇宙的规律，在他那里人对宇宙和自然的“模仿”不仅在心理层面上，还进入到生活伦理的层面上了。

在古希腊的美学发展中，第一个需要我们重视的人是苏格拉底，他是一个承上启下的关键人物。

苏格拉底到底是一个什么样的人，现在已经很难说清楚了：柏拉图版本的苏格拉底，是一个像圣人一样的人物，而色诺芬版本的苏格拉底，则有着这样那样的缺点，有时候还显得那么市侩和粗俗。据说色诺芬是一个保守和愚钝的人，而柏拉图是个顶尖的聪明人，到底是保守者带有偏见呢，还是聪明人在有意识地虚构呢？这历来为人们争论不休而又难有定论。不过关于苏格拉底的一些事情，我们还是可以确切知道的：首

先，人们都不会否认苏格拉底是个相貌丑陋的人，他的形象不论在支持者还是反对者那里都是个扁鼻子、大肚子，总是衣着褴褛光着脚到处走的家伙。其次，他的生平还是大致可知可信的：他石匠出身，早年学过雕刻，一生积极入世，热衷于政治，后来被当权的民主党以破坏宗教和毒害青年的罪名判处死刑，饮鸩而亡。他最后饮下的那杯毒酒让他原本就扑朔迷离的性格和不平凡的一生更加具有传奇性，在整个西方文明史中，可以说除了对基督耶稣的审判和处死之外，再也没有其他的审判像对苏格拉底的审判那样富有传奇色彩的了。

据众多的苏格拉底研究者说，柏拉图对苏格拉底的很多记述和评价可能更接近事实，柏拉图说，苏格拉底是把古希腊“四个主德”，即公正、勇敢、智慧、节制结合得很好的人。而且他还是个大度的人，当时的喜剧家阿里斯托芬曾写过一个喜剧《云》，讽刺不相信宙斯存在的苏格拉底，把他写成一个小丑，苏格拉底就在喜剧上演的场所微笑着站起来，让那些对他指指点点的观众当场把他看个究竟。同时他又是一个极为执着的人，是一个把他认为的“追求真理、反省人生”的“哲学精神”发挥到了极致的人。苏格拉底之所以会死，而且不是死在专制的统治者手里，而是被雅典城邦民主的公民大会的多数票判处死刑，这其中最主要的原因就是他在现实的政治生活中也

1　2

1《米诺斯的维纳斯》
前100，大理石，高2.02米，巴黎卢浮宫博物馆

2 拉斐尔，《雅典学院》
1509，壁画，宽770厘米，梵蒂冈使徒宫

丝毫不肯放弃甚至是降低他的“哲学精神”——哲学追求真理，力图彻底地实现完美，而政治常常需要妥协，往往满足于不坏，苏格拉底用哲学的标准来要求现实，力图在现实中成为“哲王”，这就有可能是触动了现实中大多数人的利益，所以他会被“民主”制度的多数票判处死刑也就可以理解了。在历史中，真理并不总是掌握在多数人手中的，苏格拉底很清楚这一点，所以他才会坦然地面对毒酒，才会把自己的死比喻成“天鹅之死”——在他看来，天鹅死前引吭高歌不是悲叹自己的不幸，而是在预感到自己即将进入神的世界、即将得到真理的拥抱时的幸福歌唱。

在一篇较为可信的文献《申辩篇》中，苏格拉底对着那些投了他有罪票的人们说：“如果你们以为你们用杀人的办法就能防止别人谴责你们罪恶的生活，那你们就错了；那是一种既不可能又损荣誉的逃避办法，最容易最高贵的办法并不是不让别人说话，而是要改变你们自己。……我们之中认为死是一件坏事的人乃是错误的，因为死要么就是一场没有梦的睡眠，——那显然很好，——要么就是灵魂移居到另一个世界中去……在另一个世界中，人们不会因为一个人提出了问题，就把他处死，绝对不会的。……死别的时辰已经到了，我们各走各的路吧——我去死，而你们去活，哪一个更好，唯有神才知道了。”

1 | 2

1 雅克-路易·大卫，《苏格拉底之死》
1787，布面油画，130厘米×196厘米，美国大都会艺术博物馆

2 拉斐尔，《圣米歇尔和恶魔》
1518，木板油画，268厘米×160厘米，巴黎卢浮宫博物馆

苏格拉底曾经说过，他会为哲学放弃生命，而不会为生命放弃哲学。这为他那“行动中的哲学家”的一生作了一个最好的诠释。从他的生平和言论中，我们也许可以理解——为什么苏格拉底对“美”的看法和他的政治哲学理想是密切相关的，他之所以不再从自然科学中寻找美的解释，而开始用社会科学的方法来看待美，正和他习惯用“反省”社会人生的思维方式考虑问题有关。

苏格拉底最早把“美”和“效用”联系了起来。据色诺芬在《回忆录》中记载，苏格拉底曾说：“盾从防御看是美的，矛则从射击的敏捷和力量看是美的。”美不仅仅是事物本身的性质，而是和人的目的联系在一起的，同样一种事物，对某种效用来说是美的，对另一种效用来说就可能是不美的。所以他认为，一件东西是美是丑，要看它的效用，效用的好与坏，又要看使用者的立场。这样，苏格拉底把“美”通过“效用”和政治上“善”的概念，和他的政治追求和理想联系到了一起。在苏格拉底这里，“美”不再是和艺术没有什么关系的哲学概念了，美的问题因其和社会效用联系在了一起，而必须从现实中得到合理的解释。这样，文艺作为现实中美的最重要的承载物也必须得到重视。进而，文艺的现实基础问题、社会功用问题都成了“美”学的重要问题，“美”、“文艺”、“现实”在苏格拉底这里已经联系到一起了。后来代表了古希腊美学最高成就的柏拉图和亚里士多德，也就是在试图解答苏格拉底提出的一些问题而已。

在苏格拉底之前，尽管希腊的文学艺术和哲学各自都取得了很高的成就，但“哲学和诗歌之争”这样的传统，使得思想家们并没有从文学艺术的角度来探讨“美”，而是更多地把“美”留在了自然领域。这就像是天地初开时的一场风雨，让“美学”的萌芽从泥土中挣扎出来之后，经受了一场考验。但这只是爱琴海岸边的一场斜风细雨，它不可能扼杀而只是浇灌了“美学”的幼苗，为它在风雨过后，在和煦的日光中茁壮成长提供了必需的营养。

“认识你自己”——从苏格拉底到柏拉图

古希腊美学的集大成者是柏拉图和亚里士多德。他们之间有着师生之谊，两者的美学观点也有师承，但差异还是明显的，总的说来，柏拉图是站在贬低文艺抬高哲学的角度上谈美，而亚里士多德更多的是在肯定文艺的角度上来谈美。亚里士多德是一个“师夷长技以制夷”的高手，他的众多美学概念都不是“原创”的，他拿过柏拉图的概念，重新解释再加以体系化，就成为反驳柏拉图的有力武器了。“吾爱吾师，吾更爱真理。”亚里士多德的这句名言，听上去是如此崇高，让后人一听就觉得真理站在了他的那一边。实际上，在西方柏拉图和亚里士多德孰高孰下，就像是在中国判断老庄和孔孟哪一对才是最“圣”的圣人一样，是个争论不休的话题。在我看来，别的我们不去说，就美学的体系性和对后世的影响而言，亚里士多德确实要比他的老师更靠近了真理一步，说他是西方美学真正的奠基人，也许大多数人不会反对。

不过我们还是先从“奠基人的奠基人”说起吧。柏拉图这个人原本并不叫“柏拉图”，因为“柏拉图”这个词的本义在古希腊语里是“宽肩膀、高额头的年轻人”的意思，据说柏拉图年轻的时候就很喜欢人们这样称呼

1 《柏拉图头像》
大理石，梵蒂冈博物馆

他，觉得这个名字似乎能显示出他的勇敢和智慧，所以索性放弃本名，将“柏拉图”这个名字沿用了下来。柏拉图出身雅典的贵族家庭，从20岁开始跟随苏格拉底求学，直到八年后老师被判处死刑。柏拉图的一生以游历、讲学和著述为主，先后去过埃及和意大利，48岁之后，定居雅典，一面在他开设的著名学园中收徒讲学，一面用对话文体来著书立说。要谈柏拉图对美和文艺的看法，首先要弄清楚他的这样一个思想背景：柏拉图认为存在着一种“理念”，是最高的真理，现实的感性世界是对“理念世界”的模仿，而艺术因为是模仿现实的，所以艺术世界是“对摹本的模仿”，是“影子的影子”，用柏拉图自己的话说，艺术“和真理隔着三层”。在柏拉图的著作《理想国》中有一个著名的所谓的“洞穴问题”，柏拉图自己以及后来的研究者们都把这个问题当作是《理想国》中最根本也是最高的问题——这个问题的提出听上去像是一个充满了象征意味的故事：我们可以想象一下，在一个洞穴中，有一群人被反剪着双手面朝墙壁终日蹲坐在黑暗之中，他们没法回头也站不起来，更走不出洞穴，只能时常从洞口的反光中看见墙壁上的影子，但他们肯定不知道那是影子，他们认为那就是事物的实体，因为他们根本就没有见过实体。有一天，假如有一个人偶然挣脱了束缚站了起来，回头朝洞口看了看，甚至他走到了洞口的边上看见了外面的世界，那将会怎样一种情景呢？他会选择自己走出去，还是回到洞穴中告诉他的同伴他的所见，然后让他们跟自己一起走出去呢？选择前者对他自己来说可能是最安全的，而选择后者，他固然可能启蒙和拯救他的同伴，但也可能会被当作异己甚至是疯子而受到敌视和威胁。我们可以看出，在这个问题中，柏拉图把“洞穴”作为人世的象征，把那个首先站起来的人看作是自己以及像自

已这样追求真理的哲学家的自况。这个问题，实际上综合了柏拉图关于“世界是‘真理的影子’”、“哲学家的作用和职责就是追求真理和启发民智”这两种最基本的观点。

抱着这种思想，柏拉图曾把人分为九等，那些“爱智慧者、爱美者、诗神和爱神的顶礼者”是所谓的第一等人，他们不进行艺术创作，不需要借助感性的形象而是通过下面这样的方式来直接领悟“理念世界”中的美：

> 他凭临美的汪洋大海，凝神观照，心中升起无限欣喜，于是孕育无数量的优美崇高的思想语言，得到丰富的哲学收获。如此精力弥满之后，他终于在一天，豁然贯通唯一的涵盖一切的学问，以美为对象的学问。
>
> ——柏拉图《会饮》篇

1 2

1 米开朗琪罗，《被蛇咬到的米诺斯》
1510，壁画，梵蒂冈西斯廷教堂

2 红绘风格陶器
前500—前490，陶质，直径39.9厘米，巴黎卢浮宫博物馆

在这里“以美为对象的学问”，不是以艺术的美感为对象的学问，不是我们所说的美学，而是有关真理的知识，说白了还是哲学，这第一等人说白了就是指的哲学家。在柏拉图看来，那些因为好奇心而决定去看一些新悲剧，听一些新音乐，观赏一些新图画的人，并不一定是哲学家，因为他们只是热爱美的事物，而哲学家则是爱着美自身。特殊的事物永远都具有

相反的特性：美的事物在某些方面也可能是丑的，正义的事物在某些方面可能是非正义的。一切个别的可感觉的对象，在柏拉图看来都具有这种矛盾的性质。对于这种美的事物人们能产生的只能叫“意见”，属于感官所接触的世界，而对美本身哲学家所具有的才是“知识”，属于超感官的永恒世界。用今天的话来说，柏拉图所说的“美”，是被抽象了的绝对意义上的美，和“真理”的“真”意味几乎相同。“诗人和其他的模仿艺术家”在他看来只是第六等人，是只具有对美的事物的“意见”而没有美的“知识”的人，和哲学家相差何止一个层次。在他的眼里，靠技巧去模仿“真理的影子”怎么也比不上“凝神观照”去体悟真理本身的境界高，尽管后者在我们这些普通人看来太过玄妙。

柏拉图对荷马以来的希腊文艺遗产进行了系统地检查，还指出了文艺的两大罪状，这么看来就不足为奇了。文艺靠模仿不能表现真理，这是罪状之一；文艺在对人的教化问题上，只能起到伤风败俗的影响，这是罪状之二。在《理想国》第十卷中，柏拉图假借他的老师苏格拉底之口，说了一段大意如此的话：

他说，首先荷马等诗人没有建立过功劳（言下之意没有“王”的一面），那我们是否听说过他曾经担任过什么人的私人导师，而使他的德行和生活方式流传后世，就像哲学家毕达哥拉斯所做的那样呢（那意思是又没有“哲”的一面）？试想，如果荷马或者赫西俄德能够增长人的品德，那么当时的人们还会让他们到处奔走行吟吗？人们为什么不把他们留在自己的家乡，当作宝贝一样，或者就算留不住，也可以跟着诗人，直到从他们那里得到良好的教育之后再离开。但我们似乎都没有听说过这样的事。荷马倒是有个门生兼女婿克瑞俄斐罗常被后人提起，荷马生前他就待荷马不好，荷马死后他更是盗取荷马的诗歌，以自己的名义发表。诗人没法像哲学家那样培养出德行出众的学生，反倒留下这样的笑柄，这说明什么呢？只能说明：文艺和其他模仿的艺术，没法教化人生。再深究一层原因，那是因为文艺本身因其模仿的本性而不能表现真理。

这样的逻辑听上去有点诡辩，但似乎又有一定的道理。如何去分析或者去辩驳它，我们暂时还无须劳神，因为在这两个问题上，亚里士多德恰恰和柏拉图针锋相对，这些我们将在下文谈到。值得我们注意的一点是，

柏拉图对待“美”和文艺的观点有它的复杂性和矛盾性。柏拉图不否认荷马的伟大，也喜爱戏剧，还曾经希望成为一名悲剧诗人，他贬低文艺，一方面可能是受到他那个时代的现实的影响——公元前5世纪到公元前4世纪，古希腊诗歌和戏剧的黄金时期已经过去，他那个时代的文艺相比以往，已经是等而下之了；另一方面，也和他重视文艺的社会教化功能有关，在他看来，文艺的高下好坏，主要要以政治和社会功用为标准，不符合他那“理念世界”的政治理想的，即便艺术水准再高，他也必须要把它们从他的

1

1 贝尔尼尼，《圣特蕾莎的狂喜》
1647—1652，大理石，高350厘米，罗马胜利之后圣母堂

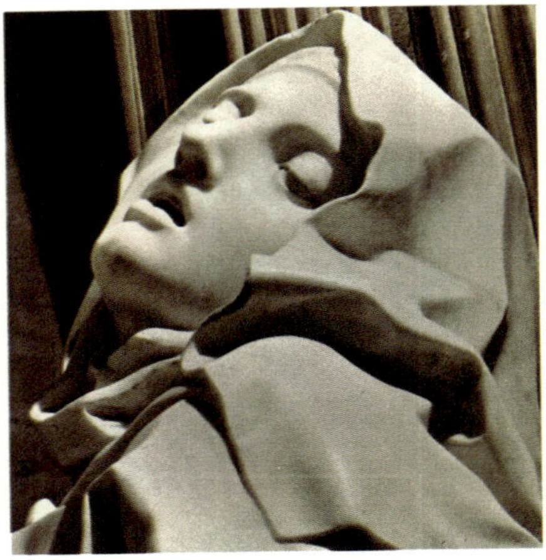

《理想国》中驱逐出去。他说他“宁愿做诗人所歌颂的英雄，也不愿做歌颂英雄的诗人”。可见文艺和政治理想在他的心里，孰轻孰重。

柏拉图虽然贬低文艺，但对文艺的一些具体问题，还是做出了自己的解释。这些是他对美学本身最直接的正面贡献了。在回答“文艺创作的才能从何而来”的问题时，他给出的答案是——灵感。“灵感问题”，在我看来，更像是柏拉图在他贬低文艺的哲学观点和那不得不面对的文艺现实两者之间，找到的第三条道路——也就是这条道，才能让柏拉图这样在姿态上对文艺不屑一顾的人，对文艺说上点自己的意见，还不显得太跌份。根据我国著名美学家朱光潜的总结和归纳，柏拉图对他所说的“灵感”，有两种不同的解释。第一种是，神灵依附到诗人和艺术家的身上，使他在一瞬间进入一种迷狂的状态，然后把灵感输送给他，操纵着他去创作。第二种解释是所谓的“灵魂回忆说”——依附于人的肉体的灵魂，虽然因为依附了肉体而和真理之间蒙上了一层障碍，但在某些时候，灵魂会依稀回忆起它还没有沉入肉身以前在最高的“理念世界”中看到的情景，这会引起灵魂的高度喜悦，使人处在一种“迷狂”的状态，在这种迷狂的灵感状态中，灵魂会不断地向上奋发，使人完成创作或者是审美。柏拉图常把艺术与爱情作类比，就是因为它们都会使人进入这种非理性的“迷狂”状态。

很明显，柏拉图这种带有神秘主义色彩的“灵感学说”，是和他对“理念”宗教性的情感和信仰结合在一起的。这种信仰的源泉有一部分是来自希腊古老的神话。在希腊神话中，掌管艺术的神是阿波罗，也就是太阳神，和他的职务相称，人们把他想象成一个英俊的阳光少年。在他之下还有分管九种不同形式艺术的九位缪斯女神（阿波罗和缪斯女神像），她们才貌双全，时常青睐于人间那些才华横溢、怀才不遇的艺术家。柏拉图说文艺是借助神的力量，正是继承了这种神话信仰。而他对于灵感的“迷狂”状态的描述，也和希腊神话中有关酒神狄奥尼索斯的传说有关：

> 酒神的女信徒们受酒神凭附，可以在河水中汲取蜜乳，这是她们在神志清醒的时候不可能做到的事。抒情诗人的心灵也正是这样。……不得到灵感，不失去平常理智而陷入迷狂，就没有能力创造，就不可能作诗或代神说话。
>
> ——柏拉图《伊安》篇

因为柏拉图心中始终存在着那个至高无上的“理念”，而艺术要达到“理念世界”又不能借助形象条分缕析地去表现，只能靠“凝神观照”、靠“灵感”，这必然使得他的艺术理论带有了浓重的神秘主义和非理性色彩。后世的很多思想家和哲学家也对“非理性”给予过肯定，这其中最著名的可能就是尼采了。在其哲学处女作《悲剧的诞生》一书中，尼采就把古希腊的艺术精神分为“日神精神”和“酒神精神”两种。“日神精神”是一种理性的精神，在艺术上讲求和谐、平衡、适度，在风格上力图达到崇高和静穆，它要求人要有“认识你自己”的自知之明。“酒神精神”是一种非理性的精神，它象征着激情和原始的生命力。尼采认为，艺术的起源，特别是希腊艺术的起源，就是这两种精神结合在一起所起的作用。尼采曾借欧里庇德斯的戏剧《酒神侍者》的一个场景，象征性地描述了希腊艺术的起源：

> 正午，阳光普照，酒神侍者醉卧在阿尔卑斯山的草地上；这时，日神走近了，用月桂枝轻触他。于是，醉卧者身上酒神和音乐的魔力似乎向四周迸发出幻想和诗的火花，这就是抒情诗，它的最高发展形式被称为悲剧和戏剧化的酒神颂歌。
>
> ——尼采《悲剧的诞生》

1 《圣特蕾莎的狂喜》局部

2 《狄奥尼索斯》
2世纪，大理石，高208厘米，巴黎卢浮宫博物馆

应该说，不论是在后人眼里，还是在古希腊人对自己的评价中，在古希腊日神精神是居于主导地位的，酒神精神似乎只是一种有益的补充。在

希腊神话里，奥林匹亚众神打败了“泰坦”神之后统治了世界，前者是一种“文明”的神，其行为方式代表了希腊人的日神精神，虽然他们也时常干一些鸡鸣狗盗、争风吃醋，甚至是抢别人老婆的事情，但怎么说也还算是“讲道理”的；而后者是“史前蛮夷”，根本就是些不按常理出牌、基本没开化的主儿，更接近尼采对于酒神精神的描述。但就像神话所说的，奥林匹亚主神——宙斯，就是泰坦神的后代，那么，宙斯的那些同父不同母的兄弟姐妹、合法子女或者是私生子们，也必然多少都和“泰坦”神有些血缘关系。神话中主神的性格，往往是先民们对自己的民族性格的自我观照。神的世界其实更像是人的世界的一种隐喻，隐喻着那些自认为具有日神精神的希腊人，也很难摆脱与生俱来的和酒神精神的血缘关系。他们只是试图学会用理性的精神压制住非理性的冲动，而没法完全消除它——没有了这种更接近原始生命的迷狂状态，那对生命和艺术来说，将是多大的灾难——当然，我们这是杞人忧天，因为在历史中这样的灾难根本就不可能发生，不信你看，如此强调“理念”的哲学家柏拉图尚且如此看中人迷狂的、非理性的“灵感”状态，那些诗人和艺术家们就更不必说了。

“吾爱吾师，吾更爱真理”——亚里士多德的美学思想

从个人气质上讲，与柏拉图的名气和才子气比起来，亚里士多德更像是治学严谨、满腹经纶的大学者。前者讲体悟，后者重逻辑；前者谈精神和玄学，后者重知识和经验。作一个也许不是那么恰当的类比，用咱们的词汇来说，柏拉图有点外“道”内“儒”的意思，而亚氏可以说是个比较彻底的“大儒”。

亚里士多德的学识广博，通晓多种学科，可以说是西方第一个百科全书式的人物，他在很多学科的观点和理论在西方统治了两千年之久。在他的知识养成体系中，来自苏格拉底、柏拉图从社会角度看待美和文艺的继承自不必说，那些来自毕达哥拉斯逻辑学、赫拉克里特和德谟克里特唯

1 普拉克西特列斯，《阿波罗与蜥蜴》
前360，大理石，高1.49米，巴黎卢浮宫博物馆

2《宙斯像》
250，大理石，高234厘米，巴黎卢浮宫博物馆

3《亚里士多德像》
年代不详，大理石，罗马国家博物馆

物主义自然哲学的影响也是巨大的。他的美学观点主要集中在《诗学》和《修辞学》这两本著作中，除此之外，他的《形而上学》、《物理学》、《伦理学》、《政治学》在谈论本门类的思想和学问的时候，对美学的问题也时有涉及。我们现在是在美学的层面上来说亚里士多德，但实际上有个前提我们要搞清楚——他首先还是一位自然科学家和逻辑学家。明白了这一点，我们对他和柏拉图之间的差别就不会惊奇了。因为是自然科学家，所以他会从自然经验和物质世界中寻找事物产生的原因，去发现它们发展的规律，而不是把那些“第一推动力”简单地归于神或某种神秘的力量；所以他不会像柏拉图那样说艺术起源于普罗米修斯，而是说起源于人的双手和人的本能；所以他不会像他的老师那样迷恋于“理念”而轻视人对自然的“模仿”。因为是逻辑学家，所以他在阐释美的过程中，很少用神话故事来象征，很少用宴席、饮酒、闲谈的虚拟场景来进行隐喻，更少有对理想天国满怀憧憬的“柏拉图式”的描述，而是仔细和冷静地分析，是运用归纳和演绎等形式逻辑的方法对客观对象“庖丁解牛”，是一砖一瓦地一层层地建构自己的美学理论体系。亚里士多德的“三段论”可以说是他的逻辑成就的最简单和典型的代表了。诸如“所有人都是会死的，苏格拉底是人，所以苏格拉底是会死的”这样的表述都可以归纳为这样的逻辑范式：

如果所有B是A，
并且所有C是B，
那么所有C是A。

而亚里士多德的归纳和发现的逻辑定理远不止这一种。逻辑学上的造诣给了亚氏一个很好的展示自己思想的平台，他不仅能说出什么，而且还可以自觉地用别人信服和难以辩驳的方式说，这给了他的美学得天独厚的优势。

一个很明显的例子。如果我们去读《诗学》，会发现它比柏拉图的《理想国》的语言要直白朴实，没有那么多优美华丽的辞藻，意思前后也更连贯，也很少有像柏拉图著作那样时常自相矛盾的地方。但奇怪的是，《诗学》似乎要比《理想国》更艰深难懂一些——逻辑更清晰、更丰富，却可

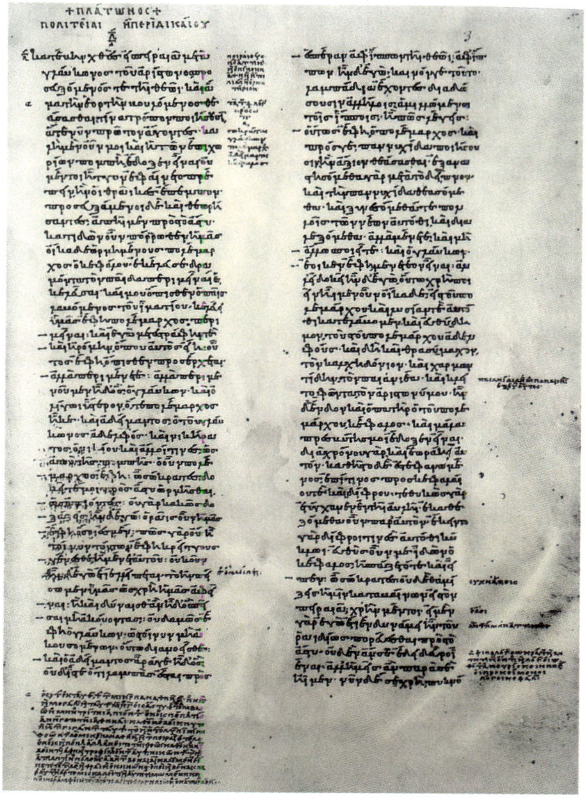

以用来解决更复杂、更艰深的问题——这就是逻辑的力量！逻辑在一本理论著作中所起到的作用，在亚里士多德之前从来没有这么明显过，后世的康德、黑格尔那种以“概念之砖”和“逻辑之网”建构“理论大厦”的学问方式，最早的源头就在亚里士多德这里。

了解了亚里士多德的治学方法，让我们沿着他的方法回到美学的问题上来。总体上说，柏拉图主要代表的是一种神秘主义和浪漫主义的美学观点，而亚里士多德则更多地代表的是古典主义和现实主义的美学观点。这样的美学观点建立在两个理论基石上：第一，亚里士多德认为，人生活的现实世界本身就是真实的世界，不是对某种诸如“理念世界”的模仿。“自然”与“真理”之间的关系，是一种“普遍”和“特殊”的关系，两者是统一在一起的，“理”不是脱离“事”而独立抽象地存在于一个更高层次的世界之中，“理”就在“事”中。第二，事物之间是存在着普遍的因果关系

1

1《理想国》的书影
9世纪，巴黎国家图书馆

的。他把事物的成因归纳为："材料因"、"形式因"、"创造因"和"最后因"四种。怎么理解呢？用他自己的例子来说，人要建造一所房子，那么房子这个事物的形成首先就得有土木砖瓦这些材料因，还要有房屋所要建成的样子，它的外在形状和结构，这就是房子的形式因。要使得材料具有形式，就需要建筑师的设计这样的创造性活动，那么建筑师就是房子的创造因。满足了这些因素，房子还只是具有了成为房子的"潜在可能"，在房子的实际建造过程中，前三种因素其实是结合在一起一直趋向一个具体的内在的目的，即房子建成这个目的，这个目的就是最后因，或者叫"目的因"。事物从"潜在"走向现实，亚里士多德把它类比为"从睡眠中苏醒"。虽然我们很难说，亚里士多德是一个严格意义上的唯物主义的思想家，但最起码在美学问题上，由于坚持这两条理论基点，他是从柏拉图的"精神第一性"回复到"物质第一性"上来了。我们可以"以其人之道还治其人之身"地套用"四因说"举个例子来说明这一点。柏拉图说艺术模仿自然，"和真理隔着三层"；亚里士多德说艺术模仿自然，这个"自然"本身就是和真理结合在一起的"真实世界"，艺术模仿它，不是简单地抄袭它的外形，是在利用自然的材料，自然是艺术的"材料因"，艺术作品的形式是艺术的"形式因"，模仿实际上是艺术家的创造活动，艺术家是艺术的"创造因"，而艺术作品是一种新的事物，它从自然那里出发，结合三种因素最后所要达到的目的是它的"最后因"。艺术品和自然物是这样联系在一起的，那它们之间就不是简单的"真理的影子"和"真理的影子的影子"的关系了。艺术模仿自然，在亚里士多德看来实际上就是"模仿自然那样创造"，是按照事物普遍存在的内在规律，把材料、形式、创造结合在一起，产生新的事物。

进一步，亚里士多德对模仿又进行了细分：

> 像画家和其他形象的创造者一样，诗人既然是一种模仿者，它就必然在三种方式中选择一种去模仿事物，照事物本来的样子去模仿，照事物为人们所说的样子去模仿，或是照事物应有的样子去模仿。
>
> ——亚里士多德《诗学》第二十五章

在亚里士多德看来，显然最后一种方式是最好的方式：第一种是简单模仿，创造因是薄弱的；第二种是根据神话或者传说来模仿，是他在他所处的那个时代为神话的虚幻性特地留下的一条退路，因为“合情合理的不可能”总比“不合情理的可能”要好；第三种是在按照事物的内在规律，按照必然律（指在已定的前提或条件下按照因果律必然发生某种结果）或可然律（指在假定的前提或条件下可能发生某种结果）的要求进行的创造性模仿。

这样我们就可以理解，亚里士多德为什么会这么理直气壮地为诗歌和艺术的真实性进行辩护了。在当时的一般观点看来，哲学是真实的，是对普遍真理的探求。历史也是真实的，是对个别真实的记录。那么诗歌或者说艺术呢？

> 诗人的职责不在描述已发生的事情，而在描述可能发生的事情，即按照可然律或必然律是可能的事。诗人与历史家的差别不在于诗人用韵文而历史家用散文——希罗多德的历史著作可以改写成韵文，但仍旧会是一种历史，不管它是韵文还是散文。真正的差别在于历史家描述已发生的事，而诗人却描述可能发生的

1

1《命运三女神》
19世纪，大理石，柏林老国家画廊

事，因此诗比历史更哲学，更严肃：因为诗所说的多半带有普遍性，而历史所说的则是个别的事。

——亚里士多德《诗学》第九章

虽然他所说的“历史”还仅仅局限于那个时代的“编年体”历史记事，不是我们今天的“历史学”（历史学是在从历史事件中探求历史发展的客观普遍规律的），但这样的对照，把诗歌、艺术和真理之间的距离拉近了。艺术和诗歌把那些单一零乱的事物综合成了普遍的整体，亚里士多德在《政治学》中更明确地指出：“美的事物有别于不美的事物，艺术作品有别于现实，原因在于，在美的事物和艺术作品中，散乱的事物被综合在一起了。”

这一方面给艺术“源于自然高于自然”的“虚构”带来了合法性，一方面也为强调诗歌和艺术具有认识功能和社会教化作用，提供了理论基础。

文艺的真实性，在亚里士多德看来，还有一个重要的理由。那就是艺术和自然具有的相似性，会引起人们心理上的普遍反应。如果套用现代美学的术语来说，那就是，美所能引起人们心理上的普遍的审美感受，反过来恰巧佐证了艺术的真实性。亚里士多德所注意到的普遍美感和审美判断力的存在，不像后世诸如康德在他的美学著作《判断力批判》中所论述的那么具有学理性，基本上还是一种来源于现实经验的朴素的认识：模仿是人的天性，模仿本身首先就能给人带来快感，而面对模仿的事物，快感来自求知的天性。他解释说：

1 | 2

1 耶罗尼米斯·博斯，《人间乐园》
约1500，木板油画，220厘米×195厘米，西班牙普拉多博物馆

2 拉斐尔，《帕纳索斯》中的缪斯女神
1509—1510，壁画，梵蒂冈保利那教堂

> 经验证明了这一点：事物本身看上去尽管引起痛感，但惟妙惟肖的图像看上去却能够引起我们的快感，例如尸体或是最可鄙的动物形象。究其原因也是由于求知不仅对哲学家来说是快乐的事情，对一般人亦然，只是一般人求知的能力比较薄弱罢了。我们看见那些图像所以感到快乐，就因为我们一面在看，一面在求知，断定每一事物是某事物，比方说，“这就是那个事物”，假如我们从来没有见过所模仿的对象，那么我们的快感就不是由于模仿的作品，而是由于获得了技巧或者是着色类似的知识。
>
> ——亚里士多德《诗学》第四章

其次人们面对自然而会产生的普遍反应，在面对模仿的艺术的时候也会产生，拿被他认为是所有艺术样式中最有模仿性的音乐来说，由于人有爱好和谐节奏的天性，所以当音乐能模仿出自然界人们所熟悉的节奏的时候，不同的个体都会从音乐中获得快感，节奏和旋律中也包含着对人本身的性格和感情的模仿，所以优美的音乐总是能触动那么多人的心弦。这一理论，实际上是对他的“模仿说”在人的心理层面的补充。在古希腊，我们不能苛求心理学发展到很高的高度，没有心理学的依据，亚里士多德的这一理论显得很是“经验主义”，他表现出的这种“可爱的简单”和“认真的幼稚”，就像他曾经在物理学中表现的那样。他曾那么坚定地让人们相信——重的物体比轻的物体下落的快——直到伽利略在比萨斜塔上的实验证明，他的这个看似再简单不过的真理，其实是一个经验主义的“谎言”，一个足足“欺骗”了人们两千年之久的谎言。与此相似，亚里士多德并没有很好地解答普遍美感如何产生，以及审美的普遍性问题，但他的遗憾是一个“伟人的遗憾”，是先哲所处的时代条件限制所致，丝毫也不损伤他作为一个思想家、美学家的价值。

在西方，有一个长久以来一直为人们争辩不休的问题，文艺的目的到底是什么？是快乐，是教化，还是寓教于乐？对这个问题，亚里士多德倒是做出了与众不同的精彩解答：他认为艺术的目的就是要赋予人们某种特殊的快感——这使得他成为第一个为快感辩护的哲学家，在此之前，艺术

不是被认为有碍风化的毒草，就是被视为教化的工具。他这么说，并不是单纯地肯定感性快乐而否认艺术的理性目的。柏拉图和亚里士多德都认为，人的意义要运用本身“万物灵长”的神授职能，而且，从某种意义上说，它们都把这种神授职能和人的理性等同起来。柏拉图因为有着更为超脱的“理想国”的追求，而把现实生活中的快乐认作是粗俗的、妨碍理性的。亚里士多德扬弃了这种看法：他认为快感不是独立存在的东西，它是与之相联系的人的某种功能的外在表现。就像自然界存在着蛆虫这样的低等动物一样，快感也存在着层次之分，只从快感最低劣的来源和表现来判断快感本身是不正确的，快感是天生趋向于善的，只有懂得快感是伴随着纯洁的思想、伴随着沉醉于音乐和凝视着雕像的心而产生的人们，才能从更本质的方面去理解它。亚氏当然不可能是在像后来的伊壁鸠鲁学派的享乐主义

1

1 雅典狄俄尼索斯剧院遗址

哲学那样宣扬感性的快感，他是想通过把快感看作是人们愿望实现的征兆，将快感和理性联系在了一起，进而让快感也具有伦理的内容：如果人是善的，那么人的愿望和生活所具有的丰富内容就是符合理性的，那么快感也就符合真正的理性了。亚里士多德自己有一个著名的比喻：模仿艺术带来的快感是“理性面颊上的红晕”。这也就是他的快感学说的特殊之处。在这个意义上，他说文艺的最终目的是给人们带来快感，实际上是说，这个目的是让人们达到一种符合理性的、有价值的精神状态。

在亚里士多德的美学理论中，除去“模仿说”，另一个重要的部分就是他的悲剧理论。在他对古希腊悲剧的分析中，我们既能看到他的美学思想的实际运用，又会发现一些崭新的理论体系在其中建立了起来。

悲剧是模仿的艺术，这是“模仿说”的运用，是建立在前述亚里士多德的第一个理论基石上的，我们无须多说了。他的第二个理论基石，即有机整体论和事物的因果联系学说，反映在其悲剧理论中，就是：悲剧应该以情节结构为中心，而不是人物性格，因为只有以情节为中心，戏剧的各个部分才能有机结合，成为一种带有普遍性的整体，而以人物为中心，势必会产生一些演绎和不一致的可有可无的情节。悲剧是一个多种艺术样式的有机的整体，完美的悲剧应该是有秩序的、和谐的。如同一个包含了多个政治团体的帝国一样，悲剧由情节、人物、思想、台词、音乐和场景六个部分组成，就像一个强大的帝国内部必然是团结的道理一样，一出好的悲剧也应该是这六个部分的有机结合，内在的逻辑性是悲剧的筋骨，这样才能显示出悲剧作为一种艺术样式的优越性：相对于其他文艺样式，悲剧通过语言表达思维逻辑这是器乐和舞蹈所缺少的；而雕塑和绘画则没有逻辑的语言，也没有逻辑的音乐；史诗和政论，没有场景和音乐，在结构上也比较单薄和松散。在这里，我们又看到了亚氏对逻辑的重视。

在下面的一段关于悲剧情节模式的话里，亚里士多德集中表达出了他的悲剧理论最核心的两个部分：第一，悲剧人物的“过失”说；第二，哀怜和恐惧的“净化”说。

> 在最完美的悲剧里，情节结构不应该是简单直截而应该是复杂曲折的；并且它所模仿的行动必须是能引起哀怜和恐惧的——

这是悲剧模仿的特征。因此，有三种情节结构应该避免：一、不应让一个好人由福转祸。二、也不应让一个坏人由祸转福。因为第一种结构不能引起哀怜和恐惧，只能引起反感；第二种结构是最不合悲剧性质的，它既不能满足我们的道德感，又不能引起恐惧和哀怜。三、悲剧的情节结构也不应该是一个穷凶极恶的人由福落到祸，因为这虽然满足了我们的道德感，却不能引起恐惧和哀怜——不应遭殃而遭殃，才能引起哀怜；遭殃的人和我们自己类似，才能引起恐惧；所以这三种情节既不是可哀怜的，也不是可恐惧的。四、剩下的就只有这样一种中等人：他在道德品质和正义上并不是好到了极点，但是他的遭殃并不是由于罪恶，而是由于某种过失或性格弱点。

——亚里士多德《诗学》第十三章

1 德拉克洛瓦，《美狄亚杀子》
1838，布面油画，122厘米×84厘米，巴黎卢浮宫博物

概括起来说所谓的“过失”说，是指悲剧人物因为“过失”或者是“和

我们自己类似，在道德上没有好到极点”，所以遭受了灾难，这方面说是咎由自取；但是他即便犯错也不应该遭受如此大的灾难，这方面说是祸不完全由自取，而是命运的力量在起着作用，说古希腊悲剧是写“人”与“命运”的冲突，就是这个道理。所谓的“净化”说，是指通过观看“和我们类似”的人物的命运，用假想情节所引起的恐惧和哀怜来医疗我们在现实生活中心理上常有的恐惧和哀怜，通过把这些过分强烈的感情宣泄出来，获得一种“舒畅的松弛”和“无害的快感”，从而达到心理的平和健康，将人的道德和情感“净化”。在古希腊三大悲剧家中，亚里士多德最为推崇的是埃斯库罗斯，而不是柏拉图偏爱的索福克勒斯，很大程度上是因为前者严格符合他的这一理论，你看，《被缚的普罗米修斯》，普罗米修斯从天神那里盗来火种，为人间带来了光明，毫无疑问他是“好人”，但他的偷盗行为是他的“过失”，但是他被绑缚在悬崖之上，忍受着巨鹰每天来啄食他的肝脏之苦，这样的惩罚显然要比他偷盗所应遭受的惩罚大。悲剧感由这样

的情节构成，这简直就是亚里士多德悲剧理论最好的诠释。

不过，即便是索福克勒斯，很大程度上也是运用了这样的悲剧结构，比如在《俄狄浦斯王》中，主人公因为猜出了“斯芬克斯之谜”，指出“早上四条腿，中午两条腿，晚上三条腿”这个象征着人的一生的谜语的谜底就是“人”，泄露了天机是他的“过失”，他在性格上也没有臻于完美，才被命运戏弄着“杀父娶母”，最后只能以死告终，遭到与他的过失不相称（大于过失）的惩罚。

除此之外，亚里士多德的悲剧理论还衍生出两个为后人津津乐道的话题。亚氏说悲剧情节应该是统一的，根据古希腊演出戏剧的现实，说戏剧的时间一般不超过一天，而地点也应该是统一的，这三个统一，被后来的人给教条化了，经由古希腊的贺拉斯，到法国古典主义理论家布瓦洛那里，就成了戏剧的金科玉律——所谓的“三一律”（时间一致、地点一致、行动一致）。这是另一个话题了，我们在以后的讲述中还会涉及。

1 | 2

1 彼得·保罗·鲁本斯，《被缚的普罗米修斯》1623，布面油画，201厘米×182厘米，荷兰阿姆斯特丹国家博物馆

2 让·奥古斯特·多米尼克·安格尔，《俄狄浦斯解释斯芬克斯之谜》1808—1827，布面油画，189厘米×144厘米，巴黎卢浮宫博物馆

其二，亚里士多德认为悲剧以情节结构为中心，而喜剧以人物为中心，悲剧模仿的是和“我们自己相似的人物”（因为亚氏还是具有贵族倾向，所以悲剧中和亚里士多德他自己类似的人物，也多是贵族人物），而喜剧模仿的是比“一般人较差的人物”。

> 所谓“较差”，并非指一般意义上的“坏”，而是指具有丑的一种形式，即可笑性。可笑的东西是一种对旁人无伤，又不至于引起痛感的丑陋和乖讹。
>
> ——亚里士多德《诗学》第五章

亚氏把“丑”作为一种和“美”相对的美学范畴提了出来，把一些诸如“丑能否转化成美”“丑是否可以作为审美对象”“美与丑的关系到底如何”等一系列问题都引入了美学。亚氏当然没有系统地回答这些问题，在那个时代，解答这样的问题还是有些力不从心的，他提出了问题，却很不情愿地把解答的机会留给了后人。

苏格拉底之前，美的问题几乎和艺术没有一点关系，“美”被狠心的“哲学父亲”带离了“艺术母亲”。而亚里士多德之后，美的问题再也不是一个单一的原问题了，它已经一层层地分化出了众多的问题，而且相当一部分是指向艺术实践本身的。“美”像是一个从孩提时代就经历过父母离异的孩子，在它开始懂事的时候终于看到“哲学父亲”和“艺术母亲”不再天各一方，它也终于可以一手拉着哲学，一手拉着艺术，快乐地成长了。但它真的会一直一帆风顺吗？

从希腊到罗马
——那些走通和没有走通的道路

美学风格的蜕变，源于帝国的兴衰、宗教，还是其他的什么？

熟悉历史的人应该知道，古代希腊语世界的历史大致可以分为以下三个阶段：自由城邦时期、马其顿统治时期、罗马帝国时期。按照现代英国著名哲学家和美学家罗素的概括，这三个时期，第一个时期的特点是“自由与混乱”，意思是说，自由城邦时期是民主而非专制统治，但人们的思想和社会的发展却因没有一个统一的标准而处在混乱之中。第二个时期是“屈服与混乱”，意思是说，马其顿的入侵和统治使得希腊处在外族高压专制统治之下，人们很难再按照自己的意志行事，只有屈服地服从。但马其顿的统治同时又是不稳定的，战乱和分裂时常伴随着它，社会和人心都处在混乱之中。第三个时期则是“屈服与秩序”。罗马帝国对于人民采取的是极端的专制统治，统治的工具和国家机器已经十分健全，人们屈从于这种有效的专制，社会处在相对稳定的秩序中。从马其顿王腓力浦的儿子亚历山大大帝建立起庞大的帝国开始，历史就进入了第二个时期，这也就是我们常说的希腊化时期。

要明白一个杰出人物的存在对于历史的作用，亚里士多德是一个很好的例子，虽然在当时的社会中，他存在或者不存在似乎也并不是一个多么重大的问题，有没有他，城邦一样发展，贵族一样统治着他们的城市和奴隶，战争和死亡一样不能避免，艺术仍然按照它自己的规律生存发展着。但站在现代反观历史，我们就会产生这样的疑问，怎么从亚里士多德一死，西方美学就从如此繁荣的状态一下子沉寂没落了呢？

当然，沉寂没落是相对希腊的辉煌而言的，如果和走进死胡同的中世纪美学比较，那希腊化时期和罗马时期的美学就已经算是不错的了——从希腊到罗马有着那么多条道路都越走越窄，直至难以走通，但毕竟还是有走

通的。西方美学在亚里士多德之后出现了近五百年的“休克”，这是事实。期间虽然不乏亚历山大里亚时期伊壁鸠鲁学派、斯多葛学派、怀疑学派的多种流变，也在出现贺拉斯（Quintus Horatius Flaccus，前 65—前 8）、朗吉诺斯（Longinus，约 1 世纪）、普罗丁（Plotinos，204—270）等人新的美学成就的时候，显露了一丝苏醒的痕迹，但似乎这些还都不是真正的强心剂，西方美学在希腊之后，还没有醒来就又陷入了中世纪长长的浓黑的梦魇之中，直到千年之后有一天，“文艺复兴”把它叫醒。

这些是后话，我们在这一节中，要看看西方美学在亚里士多德之后，中世纪之前是如何处在一种休克状态的，而从希腊到罗马的美学发展道路，哪些是走通了的，哪些没有走通。

首先我们要明白一个这样的问题：有时候艺术和美学的发展并不一定是一致的。希腊美学最辉煌的时期，希腊诗歌和戏剧的黄金阶段已过；同样，在希腊化和罗马帝国时期，艺术在人们生活中所扮演的角色，以及人们对它的兴趣，即便是和希腊艺术最辉煌的公元前 5 世纪相比，也可能是有过之而无不及的。在处于这两个阶段的大约五百年间，艺术家们创造了诸如田园诗、小说这样的新文学形式，在雕塑、建筑上取得了重大的成就。艺术家本身热衷于艺术形式的创新，或者是宫廷贵族们显示地位、附庸风雅，这些情况我们不去说它，即便是理论家和哲学家们也开始像一个艺术品收藏家那样毫不掩饰自己的兴趣和占有欲，这就足以说明崇尚艺术之风的盛行了。一个典型的例子就是罗马奥古斯都时期的哲学家西塞罗（Marcus Tullius Cicero，前 106—前 43），他在给友人的信中就表达了对只听别人描述过赫尔墨斯头像如何好，就已经深深地爱上了它，还急切地请友人能否给他弄一个，而且连同其他一些用来装饰他住宅的艺术品，尽可能多地送来。这样的事情在柏拉图、亚里士多德那里简直是不可想象的。我们说美学在当时是式微的，但是关于艺术的评论和专门学问却异常繁荣，建筑师手册、音乐手册、教人演讲的教材，甚至是教人们如何识别和保存善本手稿的书都比比皆是。

总而言之，学问家们似乎只对那些和他们的实际生活有关的“美”感兴趣，各种美的知识和技巧受到珍视，但关于美的标准、本质等最根本的问题他们似乎一点都不关心。著名的美学史家鲍桑葵（Bernard Basanquet，1848—1923）用一句话概括了这一时期的美学特征：没有“灵感的深度”，只有“五花八门的风雅修养”。可见，当时没有重要的美学理论，并不是因为艺术的匮乏，也不是因为人们缺乏对艺术的知识和感受能力，而是因为他们没有意识到要去思考，或者是不愿意去思考那些根本的抽象的问题，因为那个时代缺乏思辨能力。

对此我们如何解释呢？社会现实的变化是最根本的原因。

首先，帝国的扩张、分裂和战乱使得现实社会逐渐把人们引向了失望的境地。对于那些哲学家和知识分子来说，他们普遍地开始从希腊那种积极入世的“哲王”理想中脱离了出来，他们不再追问“人怎样才能创造一个好的国家”，而是开始关心“在一个罪恶的世界里，个人怎样才能成为有道德的人，在一个充满了苦难的社会中，个人怎样才能幸福”，在这种时候，那些和“理想国”联系在一起的思想，那些对于真善美以及世界本原的哲学思考，便自然而然地退居幕后，和个人利益联系在一起的现实伦理变成了第一位的事情。人们的思想大致有以下三种变化倾向：第一，或是把希望寄托在来世，产生了宗教性的来世信仰，以斯多葛学派的禁欲主义

1 2 3

1《阿波罗》
2世纪，镀金铜，高1.94米，巴黎卢浮宫博物馆

2《雅典娜》
公元前4世纪，大理石，高2米，意大利卡比托利欧博物馆

3《赫尔墨斯》
年代不详，大理石，罗马国家博物馆

为代表的思想在很长时间成为一种世俗乃至官方的主导思想，事实上我们知道，基督教作为一种宗教的形成，是在公元前后的小亚细亚，基督教出世思想的孕育也正是在这个时期；第二，或是对世界、真理产生根本上的怀疑，认为世界本身就是不可知的，一切都是值得怀疑的；第三，不去管明天如何，努力地追求当下的快乐，伊壁鸠鲁学派的享乐主义思想是这种倾向的代表。哲学家大都尚且如此“务实”，那谁还会去思辨“美”的本质这类“玄虚”的问题呢？

其次，就艺术本身而言，帝国扩张导致艺术品的功能和生产的方式有所变化。在战乱和征服的年代里，艺术创造的直接目的是被使用，艺术品这个时候成为财富、地位和权力的象征，人们对艺术品的占有欲超过了审美的兴趣，甚至不惜采用掠夺的方式占有艺术品。在这种情况下，艺术的实用性、艺术品精巧的工艺和技术成为人们关注的第一目标。相反，艺术当中那些美学层面的意义和价值便显得不太重要了。

希腊化时期，如果从美学的角度上看，可以叫作“修辞学时代”，什么意思呢？就是说，这个时期的美学更多的是在为某种实用目的服务，重形式技巧，显得烦琐枯燥，缺乏理论上的自足性。同时，这个时期的美学因为在

细枝末节上纠缠不清，看似探讨了一些希腊时期没有涉及的美学问题，但实际上却有舍本逐末之嫌，可以说，从一开始，罗马时期的美学在绚丽纷繁的外表之下，就隐藏着走上歧途的危险。

荆棘中的通途

站在一个回溯的视角上，我们会有这样的疑问——既然古罗马时期的美学踏上的是一条越走越窄的路，那为什么它对后世西方美学的影响仍然显得如此巨大呢？

在我看来，这个疑问我们可以从两个方面去寻找答案：其一，如果我们把古希腊比作西方美学第一个黄金时代的话，那么古罗马可以比作美学的白银时代，“黄金”和“白银”的价值固然不可同日而语，但后者最起码保留下来了黄金时代辉煌的影子，那作用较之“青铜”或“黑铁”来说已是强出不止一块了。也就是说，继承中即便埋下了走上歧途的危险，但对于后世来说，要寻找美学发展的最初成就，那罗马美学所保留下来的希腊美学的财富，是没法跳过的。西方人“言必称希腊”，殊不知实际上很多时候，他们是在通过罗马谈希腊。况且，从希腊到罗马，美学思想本身的发展虽然远远没能达到“条条大路通罗马”的境界，但毕竟还是有一些走通了的道路，也就是说，罗马时期的美学思想中还是有着和古希腊美学思想

1 2

1《马克·奥利略胸像》
161—180，大理石，纽约大都会艺术博物馆

2 君士坦丁凯旋门
建于312

一脉相承的部分，有继承、总结，甚至，还有些许的创新和开拓。

其二，如前所说，虽然抽象的美学思想从希腊到罗马是式微了，但各种专门的艺术，在形式、技巧以及实用功能上，却是大大地发展了。这些虽不是美学，但是是美学重要的素材；“美学的素材”和“美学”的关系有时候类似“生活积累”和“文艺作品”之间的关系——这些美学素材可能没法立即在当时就催生出新的美学思想，但是却可以成为后来的美学思想的准备。从这一个层面上说，古罗马美学自身的成就有限，但通过艺术，影响却非常大。我们知道，影响近代美学和艺术最重要的考古之一就是意大利庞贝古城和希尔姑兰古城（公元79年埋葬于火山）的发现，这些古迹中存留下来的古代艺术成为文艺复兴，乃至十七八世纪的古典主义美学，直接模仿和解说的对象。

以下，我们就从这两个方面作一番较为细致的考察。

古罗马最重要的美学家之一，同时也是一位诗人的贺拉斯，在一首叫《纪念碑》的诗中曾经写过这样的诗句：

我立了一座纪念碑，它比青铜
更坚牢，比国王的金字塔更巍然，
无论是风雨的侵蚀，北风的肆虐，
都不能把它摧毁，或是岁月的

不尽轮回和光阴的不停地流逝。
我不会完全死亡，我的大部分
将躲过死神，虽死而犹有生机，
死后的荣誉将使我继续生存……

贺拉斯生在罗马的奥古斯都时代，和罗马大诗人维吉尔（Publius Vergilius Maro，前 70—前 19）同时。贺拉斯是长诗《伊尼特》的作者，是一个优秀的讽刺诗人和抒情诗人，他还完成了教人写诗的著作《诗艺》，这部著作对后世的影响很大。从某种程度上说，正是因为《诗艺》，贺拉斯才做到了用文章为自己立一座纪念碑的愿望。

1 | 2

1 庞贝古城的壁画
1世纪

2《维吉尔坐在克利俄和墨尔波墨涅之间》
3世纪，马赛克，突尼斯巴多国家博物馆

《诗艺》原本是贺拉斯写给罗马贵族庇梭父子的一封诗体长信，总长四百多行，用来给这些爱好文艺的贵族们答疑解惑，和亚里士多德的《诗学》相比，它不是一种理论上和思想上的探讨，而更像是指导创作和欣赏的方剂。这一点我们从两部著作名字的差异上可见一斑。《诗艺》的内容分为三部分：第一部分泛论诗歌在题材、布局、风格、语言、音律以及其他技巧方面的问题；第二部分从诗歌的分类入手，讲了戏剧体诗歌，尤其是悲剧的一些原理原则；第三部分讨论了诗人的才能来源，以及诗歌批评和修改的重要性。

《诗艺》和希腊美学思想的联系非常明显，同时还记录下了当时流行的一些文艺信条。贺拉斯接受“艺术模仿自然”的传统观点，同时也指出了“创造”的重要性——创造可以凭借想象虚构，可以带给人们新的娱乐感受，可以使得作品更有趣味性。与此相关，在诗歌的功用问题上，他说：

诗人的目的在于给人教益，或供人娱乐，
或是把愉快的和有益的东西结合在一起。

贺拉斯这是对亚里士多德“寓教于乐”说的继承，没有淡化诗歌的教化作用，而对于趣味的强调则更胜于亚里士多德。在诗歌的题材问题上，他认为，自己用独创的方式运用日常生活的题材，与使用旧有题材加以改编相比，后者更为妥当，因为后者更容易让人们接受，但他也称赞当时的拉丁诗人们“能在悲剧和喜剧里歌颂我们民族自己的事迹”。在诗人的才能问题上，他认为没有天资而专靠学习，或是只有天资而没有训练，都是难以成功的，两个因素必须结合到一起。

诸如此类的观点还有很多，看上去贺拉斯似乎很懂

得辩证地看问题，很多地方他都会从事物矛盾的两面去说。实际上，贺拉斯可不是一个圆滑的折中主义者，而是古典主义美学律条最早的、严格的制定者。他在《诗艺》中郑重地劝告庇梭父子：

你们须勤学希腊典范，日夜不辍。

在他的心目中，希腊典范到底是什么呢？对此，他提出了“合式”这个概念来解答。所谓“合式”，就是指符合规范，妥帖得体，进而诗歌或者艺术品本身应该是一个有机的整体，而且这个整体的各部分之间应该是一种和谐的关系。诗歌开头和结尾应该一致；人物的性格应该鲜明一致，符合他们的身份和年龄，性格会随年龄变更；诗歌的风格不能炫耀，不能插入一些华丽但和上下文格格不入的辞藻，贺拉斯打比方说，红色虽然夺目，但不能不加思考地到处打上“大红补丁”。“合式”这个词在贺拉斯那里几乎成了“美”的同义词，它是古典主义美学中“理性”和“节制”的综合，他定下过这样的规则：

不管你写什么，总要使它单纯，始终如一。

具体到戏剧，他要求戏剧应该在时间、地点和人物上都做到一致：每

1 | 2

1《迪多之死》
年代不详，大理石，巴黎卢浮宫博物馆

2《伪君子》的插画

个剧本应该是五幕，每一幕之中有台词的人物不能超过三个，诸如丑恶凶杀之类的情节只能够由人物口头叙述出来，而不能直接地表演。悲剧和戏剧各有各的语言方式和格律，不能乱用。人物的语言要和他们的性别、年龄、职业和地位相适应。他的这些律条，原本大多都是从希腊戏剧以及当时戏剧的具体实践中总结出来的，比如在古希腊戏剧中，演出的时间一般不能超过一个昼夜的长短，所以才会总结出各种事情都要放在一日里发生这样的经验。而贺拉斯却开始把这样的鲜活的经验给绝对化、教条化了，成了似乎在任何时候、任何地点都适用的规则了。

把艺术创作的经验变成古典主义的金科玉律，是贺拉斯在《诗艺》中做成的最大的一件事。后世的古典主义、新古典主义者们，当他们厚古薄今的时候，他们就会拿出贺拉斯的律条。根据贺拉斯的《诗艺》，17 世纪法国的新古典主义的理论家布瓦洛在他的《诗艺》中"要求舞台上的表演自始至终，只有一件事在一地一日里完成"。——戏剧只能代言一件事情的发生，即便有枝蔓也要用一些诸如"报信人"的技巧把其他的事化到这一件事中来（情节一致）；戏剧发生的时间应在一日之内（时间一致）；地点应该唯一，各幕之间不能反映不同地点的事件（地点一致）。——这就是著名的或者说"臭名昭著"的戏剧"三一律"。"三一律"在 17 世纪后很长的时间里成为保守者们指责戏剧创新的理论根据，客观上束缚了戏剧的发展，这笔账要算，还真有一部分要算在贺拉斯的头上。

这个时期，另一部对后世影响重大的美学著作是《论崇高》。"崇高"是西方美学中一个重要的范畴，把"崇高"单独提出来进行系统研究这篇论文是第一个。《论崇高》的作者是谁，是一个有争议的问题，有说是公元 3 世纪的朗吉弩斯的，他是当时的帕尔迈拉女皇齐诺比亚的秘书；有说是公元 1 世纪的另一位朗吉弩斯或修辞学家达奥尼苏斯的，但根据《论崇高》中引用的希伯来文《旧约》的情况看，在公元 1 世纪，当基督教在罗马还被禁止和迫害的时候，这样的文章是不可能出现的，所以前一种判断似乎更合理一些。和其他古希腊罗马典籍长期被淹没在历史长河中一样，《论崇高》直到文艺复兴时期，才由意大利学者发掘出来，1674 年法国的新古典主义者布瓦洛把它翻译成法文之后，它的重要性才逐渐显露出来。

和《诗艺》一样，《论崇高》也是写给罗马贵族谈文艺的信。而且两者最终的目的也是一样的，都是想通过自己的总结，来引导人们去学习古典。但在方式上，贺拉斯是把古典作品的具体经验变成抽象的艺术规则，直接灌输给人们，而朗吉弩斯则是强调具体作品对于人们艺术趣味的培养，他主张人们从作品中去体会古人思想的深邃、情感的真挚以及技巧的精妙。他只是力图用一个涵盖范围更广的概念“崇高”来概括古典的风格，而没有条分缕析地规定这里该怎么样，那里该怎么样。

朗吉弩斯认为古典作品最重要的品质就是崇高，而崇高由以下五个因素组成：“掌握伟大思想的能力”，“强烈深厚的热情”，“修辞格的妥当运用”，“高尚的文辞”以及把前四种因素联系成一个整体的“庄严而生动的布局”。前三种因素由天资而来，后两种由人们后天习得。在这里，我们除了看到和亚里士多德或贺拉斯一脉相承的对“整体”和“一致”的重视外，还能看到他对情感因素的强调。他说：

> 崇高风格到了紧要关头，像剑一样突然脱鞘而出，像闪电一样把所碰到的一切劈得粉碎，这就把作者的全副力量在一闪耀间完全显现出来。

崇高给人们带来的心理效果不是“说服”而是“狂喜”。

> 当一段文字充满了弦外之音、味外之味的时候，当我们很难，简直不可能使注意力离开它的时候，当它在记忆中印象鲜明、经久不灭的时候，我们就可以肯定，我们升高到真正崇高的境界了。

可见，虽然没有否定古典主义共同的美学原则“理性”，但是他开始对艺术创造和艺术欣赏中人的心灵、情感和精神的作用有了某种不同于古典主义的认识。在他那里，文艺动力的重点由“理性”转到“情感”，学习古典的重点由学习法则转到对于崇高的精神实质的领会，文艺批评的重点也从抽象理论的探讨转到结合具体作品的分析和比较，文艺创作方法的重点由贺拉斯平易浅近的现实主义倾向转到要求精神气魄宏伟、感情热烈奔放

的浪漫主义倾向上来了。

朗吉弩斯在《论崇高》中引用《旧约·创世记》中的话“上帝说要有光，于是就有了光，上帝说要有地，于是就有了地”，他认为这样的语言和形象在精神和心灵的广度和深度上都是崇高的，和荷马史诗一样崇高。在古罗马美学著作中第一次出现了基督教的文字，这似乎是一个征兆：一方面象征着古典主义美学的风气从内部开始了转变，情感因素开始从古典因素中跳脱出来，浪漫气息从现实气息中弥漫出来；另一方面，它也象征着宗教因素开始慢慢地渗透到了文艺和美学因素之中。从这个意义上说，我们既可以把《论崇高》看作是古罗马美学对于古希腊美学最后一个有益的补充，也可以看作是美学将要发生变化的第一个信号。

第一个真正站在罗马古典主义美学和中世纪美学交叉点上的人，还不能算是朗吉弩斯，而是普罗丁（Plotinus，204—270）。普罗丁是埃及人，早年在当时的埃及首都亚历山大里亚，跟从一个叫阿牟尼乌斯的人学习，接受的是很正统的希腊哲学，特别是柏拉图思想的教育。阿牟尼乌斯这个人，早年是一个基督教徒，但是因为酷爱文学艺术，而基督教仇视文艺，后来才离开基督教转向柏拉图哲学。普罗丁的思想中有着浓厚的否定现实、在对彼岸和神灵的信仰中寻找精神寄托的色彩，这些和他的这位老师基督教背景的影响有关。普罗丁曾随罗马远征军去过波斯，学习和接触到了东方的神秘主义思

想，后来在罗马讲学 20 多年，一直到死。他的著作很多，其门徒将他的 54 卷著作编纂成一个总集，叫《九部书》。从他的经历和学术背景上看，他的美学思想正是把柏拉图的“理念”论、基督教的神学观念和东方的神秘主义融为一体。

普罗丁接受柏拉图关于“理念是美的来源和最高形式”的思想，更重要的是他开始把“理念”人格化，用“神”来指称那种绝对精神。他的美学思想中有两个很感性但很关键的词：一个是“放射”、一个是“回家”。

何谓“放射”？在他看来，神是宇宙的源泉，自然也就是最高的真善美的三位一体。神就像是太阳，把它的光芒由近及远地“放射”出来，离神最近也是神最早放射出来的是宇宙的根本原则，即“理”；然后放射出“世界精神”或“世界心灵”，即一种普遍的真善美的精神和标准；然后这些“世界心灵”又放射出“个别心灵”，同时通过个别心灵体现出自身；神最后放射出来离神最远的是物质世界，神本来是和物质相对立的，但在一层一层地放射过程中，其本质在层层降低，物质世界是人们感官所接触的对象，所以物质世界只能和其相邻的个别心灵结合在一起。

什么又是“回家”呢？那是一个和“放射”相反的过程。神所放射出来的各个层次的存在，包括理、世界心灵、个别心灵、物质，其中前三者都有回归到神的能力和倾向，只有物质没法回归。所谓回归，也就是说人

1 2

1《创造光》
版画

2《普罗丁头像》
大理石

们可以由这三者窥见神性的光辉。前两者本身就是独立的精神存在，只是层次上低于神，它们本身就具有某种程度上的神性，它们的回归是自然的结果。而个别灵魂由于肉体的障碍，一方面很远地离开了，一方面又非常渴望回到神性的怀抱，见到绝对的善和绝对的美。个体的人是个别灵魂和肉体的综合体，个体灵魂要想“回家”，个人就必须压抑肉体的欲望，解脱肉体的束缚，克己禁欲、静观修行，达到宗教般的虔诚和迷醉的状态才行。在这两点上，我们可以看到普罗丁把柏拉图“美的层次”和“灵魂回忆”的美学观念，与宗教思想中个人对彼岸的向往以及宗教对个人修行的实践要求结合在了一起。

由这样的思想出发，他的具体美学观念就可想而知了。

其一：普罗丁认为自然美和物体美不在于物体本身，而在于其身上映射到多少神性的光辉；艺术美也不在于艺术所使用的物质材料，而在于艺术家心灵所赋予艺术的理式，这种理式是神性在个体灵魂中的显现。在艺术美和自然美的关系上，他认为：“艺术并不只是模仿肉眼可见的东西，而是要追溯到自然所由产生的道理；艺术中还有许多东西是由艺术自己独创的，弥补事物原来的缺陷，因为艺术本身就是美的来源。”（《九部书》第四部第十八章）

其二：他认为美有等级层次之分，感官接受的物体美是最低级的。其次是一些从感官上升到较高领域的美，诸如事业、行动、风度、品德等。在这一切之上，还有一种“先于这一切”的美，那是一种纯粹理式的美，是真善美最初的绝对统一体。

其三：人们去认识和表现美，不能仅靠肉体感官，还要靠心灵。普罗丁说：“心灵本身如果不美，也就看不见美。”（《论美》第九章）认识到美的那一瞬间，人会处在一种“灵感状态”，而实际上这时候，是人的心灵刹那间拨开了在现实和感官世界沾染的灰尘，重新回忆起自己在神性世界中的纯净状态。

美，就是那个最初的可以叫作“神”的理念，人们体验和认识美，就是人的心灵在回忆神的光辉。——很诗意也很玄虚，但这就是普罗丁美学思想中最核心的部分。从他那里，我们看到了古希腊罗马美学一脉相承的传统，也隐隐看到了基督教和中世纪美学的影子。

1

1 **乔托，《圣母与圣子》**
1305—1310，蛋彩画，325厘米×204厘米，佛罗伦萨乌菲兹美术馆

“光荣属于希腊，伟大归于罗马”——希腊、罗马的文学艺术与美学的互动

19世纪美国著名的诗人和小说家爱伦·坡（Edgar Allan Poe，1809—1849）在他那著名的《海伦颂》中写道：

> 久经海上风浪，
> 习惯了浪迹天涯，
> 海伦，你的艳丽面容，你那紫蓝色的秀发，
> 你那仙女般的风采令我深信：
> 光荣属于希腊，
> 伟大归于罗马。

海伦是希腊传说中的美女，因为她，希腊人和特洛伊人打了十年的仗，当战争终于结束，希腊的老兵们看到海伦的时候，他们感叹用这十年的生死奋战换一次目睹海伦美貌的机会，值了。海伦和特洛伊战争的神话，从某种角度上说，就像是一个关于“美”的价值的寓言，人们可以为了美，付出巨大的代价而毫不后悔。

希腊时期的文学艺术，在诗人爱伦坡眼里，在后来更多的艺术家和作家眼中，就像是海伦的美貌一样，让人赞叹不已。在这个意义上，“光荣属于希腊”这样的感叹就富有了更多的内涵。

在军事和经济上，罗马人创造了一个伟大的帝国，他们在组织上和军事上的才能比起希腊历史上最尚武的城邦——斯巴达来也是有过之而无不及的。但在文化上，直到公元前8世纪，当荷马史诗早已完成的时候，罗马还只是亚平宁半岛台伯河畔的小小村落，没有什么光荣的经历值得回忆。不过在罗马逐渐强盛起来之后，他们开始在文化上向希腊化时期的希腊学习，并通过它向古希腊学习。在罗马帝国最强盛的时候，希腊只不过是罗马的一个行省，但灿烂光荣的古希腊的思想和文艺，仍然让傲慢的罗马人甘当虚心的学生。不仅如此，罗马人，当他们懂得希腊的价值的时候，他们还试图通过追溯自己的祖先来自特洛伊人的方式，把自己民族的传统和希腊挂起钩来。

1

1 雅克-路易·大卫，《海伦与帕里斯之爱》1788，布面油画，146厘米×181厘米，巴黎卢浮宫博物馆

我们知道，在荷马史诗中，特洛伊人被描述为希腊人高尚而杰出的对手，在战场上，希腊英雄阿喀琉斯和特洛伊勇士赫克托耳之间你死我活的拼杀显得那样崇高而伟大。阿喀琉斯在特洛伊城下杀死了赫克托耳，希腊人用“木马计”攻破了特洛伊城，但特洛伊人仍然赢得了尊严和对手的尊敬。不知从什么时候开始，罗马人把自己看作是特洛伊人的后代，在罗马的民族史诗《伊尼德》中说，两个特洛伊的孤儿漂过爱琴海，来到亚平宁半岛，在一头母狼的喂养下成长起来，成了罗马人最早的祖先。直到今天，《哺两儿的母狼》这样的雕像还是罗马城的象征。从这个意义上讲，海伦和特洛伊的传说又和罗马联系到了一起，这也许就是诗人爱伦坡幻想着看到海伦，不仅赞叹“光荣属于希腊”，还想到“伟大归于罗马”的原因吧。

当然，这只是一种形象的解释，笔者真正想说的是：罗马时期的文学艺术因其和希腊的继承关系，更因为其带有的自己的特点，同样可以说是伟大的。“美”如同海伦，是希腊和罗马艺术共同的追求。

我们前面说过，在美学思想上，从希腊到罗马，呈现的是式微的趋势，在继承中有发展的屈指可数，和那些走通了的美学道路相比，没有走通的、今天已经淹没在历史之中的道路占了大部分。但是，这并不妨碍罗马在美学实践（文学艺术）上创造辉煌的成就。罗马人从希腊文化中汲取营养，再和他们在技巧和组织上的能力相结合，形成了一种来源于希腊又和希腊文艺不尽相同的艺术风格。希腊有荷马史诗、赫西俄德的田园诗、古典戏剧，

罗马有维吉尔的《伊尼德》和奥维德（Publius Ovidius Naso，前43—17或18）的《变形记》；希腊有希罗多德（Herodotus，约前484—前425）的历史著作，罗马有西塞罗的散文；希腊有雅典卫城、帕特农神庙、雅典娜雕像，罗马有庞贝古城、可西里竞技场、奥古斯都大帝像。

在文学上，古希腊的悲剧和喜剧所表现出来的美学精神，是“真善美”的。他们所使用的手法，没有过多的技巧性的东西，而是要把自然和社会中的美“模仿”出来。所以，不管是利用神话和传说元素的民族史诗、古典悲剧，还是表现社会现实的喜剧，抑或直接表现自然之美的田园诗，它们的共同之处都是古朴自然，都表现出内容大于形式的趋向。同样是民族史诗，《伊尼德》在结构和语言上，要比荷马史诗来得精巧细致，维吉尔作为作者在诗歌中所表现出来的作用，要比荷马明显得多，也就是说，在罗马诗人那里，他们更重视自身对作品的支配作用，内容固然重要，但除了“说什么”，“怎样说”也变得越来越重要了。这样的变化和差别带来的效果是双面的：一方面，文学的形式和技巧丰富了，作家主观上对作品的占有权和支配力凸显出来了，使得文学的实用性和为社会生活服务的功能相较于古希腊，更为突出，这是好事。另一方面，古希腊在文学技巧上虽然显得古拙，但并不是说它的文学价值是残缺或者是低下的，相反，神话传说的文学内容和那种古朴的文学形式之间形成了一种和谐的关系，表现出了一种所谓的古朴中的崇高、静穆中的伟大。古罗马的文学在形式上的自觉，一定程度上打破了这种平衡关系，人为的痕迹明显了，自然流露就不足了。华丽有余而壮美不足，这又是不好的事情了。

如果说，在幻想和虚构性的文学上，古希腊和古罗马之间虽然有着上述的差异，但这种差异还只是古典主

1 2

1《母狼》
约前500，青铜，高85厘米，罗马市政博物馆

2《雅典娜神像》
3世纪，大理石，雅典考古博物馆

义文学内部的差异的话，那么在一些实用性的文字上，这种差异就更明显了。古希腊最重要的历史学家希罗多德的著作，在记述历史的时候，追求的是一种清晰明了的风格，历史人物的言行、历史事件的来龙去脉没有更多的修饰性的交代。我们知道，古希腊的知识分子也讲求雄辩的风格，但这种雄辩不论是在亚里士多德那里还是在希罗多德那里，都是在用事实和逻辑说话，在历史著作、散文等实用性的文字上，古希腊的雄辩风格仍然是古朴而非华丽的。古罗马最重要的散文作家是西塞罗，他是论辩术和演说术积极的鼓吹者和实践者。在他看来论辩和演说不仅是思想家的基本素质，更是国家的统治者应该好好学习的。所以他的众多文章都是和古罗马的政治家和将军布鲁图斯（Lucius Junius Brutus，前 85 年—前 42，恺撒的谋害者之一）的通信和对话，西塞罗在他的书信集《致布鲁图斯》中有一篇名为《论演说家》的文章，在其中，他明确指出不同意苏格拉底那种简单的单一精神。苏格拉底教导人们去思考内容，而忽视形式；而西塞罗却说，没有语言的光辉，就不能使思想发出光芒，而相当一部分优秀的思想，是从各种修辞手段中提炼出来的。西塞罗自己的文章可以说是他自己的美学观点直接的体现者，他往往更看中“怎么去说”而非“说什么”，在他的文章中，新的名词和术语层出不穷，充满知识性和情感的感染力，表现出了一种优雅的文人气质。罗马时代美学上的“修辞学风格”，在思想和理论上导致了基础性的创建不多，但在美学的实践上，却造成了崭新的文风。

在造型艺术方面，古罗马和古希腊之间表现出来的差异，也大致符合上述特点。我们拿最具代表性的雕塑和建筑艺术作品作一番比较，就能看出这一点。

希腊的雕像一般采用大理石或青铜材料，大理石厚重但缺乏张力和延展性，不能像青铜材料的雕塑那样让人物的身体姿态富于变化。希腊早期的雕塑诸如“克雷提奥斯的少年”和“阿特米西昂的宙斯”之类的作品朴素静穆，大理石的应用是一个主要因素。著名的雕塑“掷铁饼者”在古希腊是用青铜雕塑的，相传是米隆所作，后来被毁坏了，现在存留下来的是罗马时期人们用大理石做的复制品。综观这些作品，我们会发现，人的身体的静止和运动状态非常完美地在一瞬间结合在了一起，人的身体没有过多的修饰，基本上都是一种自然的裸体状态，即便是着衣的女性雕像，衣服也不带有修饰或者是身份象征的意味，而只是为了衬托出身体的平衡。雕塑家们极力在保持着雕像自身的一种平衡的美感，那种美感不来源于修饰，而是来源于整体上的自然与和谐。

古罗马时期的雕塑，继承了古希腊雕像人体解剖学上的结构和姿势的成果，同时又具有一些属于自己的显著特点。雕像大多不再裸体，而是穿上罗马式宽大的长袍，形成了大量的带有褶皱的下摆。透过衣服暗示人物的姿态，这原是希腊人的发明，但在罗马时期，衣服的摆动和褶皱不再仅仅是工具，而成了雕塑者着力追求的美的目的。衣服成了雕塑中一个极为重要的部分，通过它，艺术家的技巧有了更精致的发挥空间。在雕像的装饰感和技艺的精巧性上罗马显然是更进了一步，不仅如此，雕像作为权利地位象征的作用凸显出来，这也改变了雕像的美学风格。一个最明显的例子是奥古斯都大帝像。罗马艺术家们在创作时，显然是考虑到了奥古斯都作为罗马统治者的身份特征，他们不仅给他穿上了衣服，而且还让他穿上了一套威严的铠甲，在铠甲的外面还有一件斗篷。铠甲的纹理和斗篷的褶皱都精致之极，这是罗马的皇帝而非希腊的英雄，他似乎是在面对他的臣

1

1 维琴卓·福巴，《正在阅读的少年西塞罗》
1464，壁画，101.6厘米×143.7厘米，伦敦华莱士收藏馆

民发表演说。这时候，人物躯体的平衡被铠甲和斗篷打破了，你看到的不再是一个静穆的形象，而是一个充满了个性和威严、对观者有一种权力压迫感的形象了。可见，装饰性和社会性的增强，是罗马造型艺术有别于希腊的一个主要特征。

作为最大型的造型艺术，建筑在这一点上要比雕像来得更直观明显。古希腊的建筑大多和建筑周围的环境融为一体，表现出人和自然的一种和谐关系，雅典卫城是一个典型的代表。卫城处于雅典城中央的山丘之上，依着山势的高低而错落有致地建造一些庙宇和神殿。表现出了一种人类开放式地接纳自然的气度和胸怀。而罗马建筑整体上追求一种庄严和气势，像庞贝古城那样的建筑群，讲求建筑的整齐规律，注重建筑自身的庞大和威严，而不太考虑和周围环境的关系。当环境空间有可能阻碍建筑的庞大和威严的时候，环境会给建筑让路。

在具体的每个神殿的建造上，比如说著名的帕特农神庙，建筑内部的空间和外部的空间大多是连通的，巨大的石柱取代了门，形成了占有宽阔空间的柱廊——柱廊是建筑内部的空间，但又和外部空间直接联系在一起。在这一点上，希腊人崇尚自然和谐的美学思想得到了充分体现，他们的建筑不是为了从自然中占有、掠夺属于自己的空间，而是为了创造一种新的公共空间。而罗马的建筑，以可西里竞技场为例，拱门和墙壁取代了柱廊，把建筑内部和外部的空间分割得非常清楚，这表现出了一种对空间封闭式占有的权力和欲望。

再看建筑的细部。希腊建筑喜欢采用石柱，所以柱子和横梁接触的“柱头”部分就成了可供装饰的部分。从“柱头”本身的发展来看，古希腊罗马先后经历了“多立亚式”、“爱奥尼亚式”、“科林斯式”三种主要样式，三者的装饰性是由弱到强的，螺旋和花纹越来越多。希腊建筑主要采用前两种方式，而罗马建筑主要采用最后一种。在建筑的山墙、内壁这些地方，罗马人也运用了更精致、更有装饰感的浮雕和壁画。

事实已经很明显了。“希腊的光荣”和“罗马的伟大”表现在文学和艺术上，一方面表现了两者美学思想的异同，另一方面表现出了两者不同的艺术风格：希腊简洁朴实、和谐自然、崇高厚重；罗马威严精致、华丽壮美，代表了权力和占有。不过，我们不能忘记，罗马艺术是对希腊艺术的继承和发展，在很多原则性的美学问题上，罗马和希腊是一致的，比如它们都讲求庄严和对称，都有着被后世称为“古典主义艺术”的那些共同的风格和品质。

从希腊到罗马，美学道路越走越窄，这并没有阻碍艺术实践之路的行进，罗马的文艺像希腊文艺一样，也对后世美学思想的复兴和发展起到了重要作用。这也许是因为思想有“滞后”作用，美学思想影响到艺术实践，需要一个“潜伏期”。到了罗马帝国中后期，古罗马在美学思想上的贫乏才真正影响到了艺术的实践，出现了所谓的“黑暗的中世纪”，这不仅是美学思想上的黑暗时期，也是艺术上的黑暗时期。

1 | 2

1 克雷提奥斯，《少年》前480，大理石，高116.7厘米，雅典卫城博物馆

2 《奥古斯都大帝像》1世纪，大理石，高204厘米，梵蒂冈博物馆

第二章

在中世纪黑暗的尽头看见文艺复兴的曙光

中世纪的思想被教会控制，美学成了宗教的附庸，教条和刻板的宗教律令限制了美学的自由发展和创新。只有那些带有异教徒色彩的思想家们，还有鲜活的民间文学艺术才能在一片死水中掀起微澜。文艺复兴是对古希腊罗马的美学和艺术的重新发现，是对中世纪民间美学和艺术的继承，更是在新的历史条件下，新的思想借着古希腊罗马的旧瓶，装上的新酒。文艺复兴，是人的审美意识重新恢复的时代，是西方文学艺术发展历史上的第二个高峰。但从另一方面说，它也是一个“美的实践”强于“美学理论”的时代。

>>>

美，不过是上帝的一个名字

对美来说，基督教是最初的“罪人”

熟悉基督教发展历史的人应该知道，它早期起源于今天的小亚细亚和巴勒斯坦地区，公元前后正式定型。因为宣扬人们一律平等和相互友爱，反对现世的家庭制度、私有财产制度和世俗的王权，在公元3世纪以前，一直受到罗马政权的镇压。在那时，基督教带有一种“穷人的宗教”的意味，所以越受镇压，发展和流传得越广泛。从公元3世纪以后，罗马政权发现基督教思想的“来世观念”有利于他们现世的统治，变镇压为利用，到了4世纪，基督教就成了罗马的国教，是唯一合法的宗教。公元395年，随着罗马帝国分裂成东西两部分，基督教也逐渐分成东西两个教会，东教会叫“正教”，西教会叫“天主教”。在中世纪一千多年的时间里，对西方社会思想乃至美学，起主要作用的是天主教。在公元476年西罗马帝国灭亡之后，罗马教皇就不单单是天主教的首领了，还成了世俗政权的首领。教皇成了上帝在尘世间的代理人，把上帝的最高权力分封给国王。国王的加冕仪式要由教皇主持，那象征着国王成了上帝的代言人——教皇的隶属和佃户。教皇是最大的封建主，主教们等而下之地同样握有大把的财富和大片的土地。有历史资料证明，天主教会在中世纪，拥有全欧洲1/4到1/3的土地。

天主教会不仅在经济和政权上拥有权力，在思想和文化上更是如此。在中世纪，文化教育似乎只是教会的专利，古希腊那种民间的“学园”不复存在了——著名的“雅典学园”在普罗丁去世两百多年之后，于公元529年关门了。仅有的一些学校也都是教会培训教士和僧侣的，我们现在熟知的牛津大学最早就是从僧侣学校发展起来的。世俗社会中的人们是没有什么受教育的机会的，即便像神圣罗马帝国的查理大帝这样的人物都是文盲，

那些声名煊赫的国王或是骑士也是一些目不识丁者，普通的民众就更不必说了。天主教会有意识地扼杀世俗的文化教育，这是有它的道理的。在中世纪早期，世俗教育的内容不会是别的什么东西，只可能是希腊罗马的古典文化，古典文化是“以人为本”的，强调人们在“现世”中有所作为，甚至古希腊罗马的“神”都具有鲜活的人的特征。而天主教需要的是什么呢？他们不需要人对自己的认知和觉醒，只需要人对上帝的绝对服从，他们思想的核心是“以神为本”，要求人们在现实中禁欲，追求“来世”的幸福。两者显然在这些原则性的问题上是对立的。教会在取得权力之后，一定会把它的对立面推上绝路。

那么在如何看待美学和文艺的问题上，中世纪的天主教的态度就可想而知了。可以说，他们的文艺理论是“反对文艺的理论”，他们的美学是“反美学”。他们的论调和柏拉图给文艺定下的“两大罪状”相似：一方面，说文艺是虚构的，充斥着迷惑人的谎言，不能反映上帝的真理；另一方面，说

文艺只能挑起人们的欲望，伤风败俗。而且，他们比柏拉图更过分，对文艺所能带给人们的正常的、美好的感官享受也加以指责。文艺触动感官，这本身就是罪孽，它还打动情感，妨碍了基督教要求的凝神默想和宗教修行，这简直就是罪不可赦了。

中世纪教会对文艺的仇视态度可以从历史中见出一斑。

中世纪，基督教会曾经不止一次地发起过所谓的“镇压邪教”运动，其中最浩大的一次在公元4世纪。他们通过当时的罗马皇帝狄奥多西（Theodosius II，401—450）的权力，把罗马帝国东部所有的古希腊和古罗马的神殿建筑，以及雕塑绘画等文物统统销毁。那阵势不亚于秦始皇的“焚书坑儒”或是项羽的“火烧阿房宫”。

另一个臭名昭著的历史事件是“反偶像崇拜运动”。从公元726年到公元842年的一百多年里，基督教对于用世俗的绘画和雕塑艺术来表现上帝和使徒的形象，或是《圣经》的故事，也表现出了强烈反对。在他们看来，

1 2

1《被圣乔治和圣西奥多以及天使围绕着的圣母和圣子》
6世纪，彩绘，埃及圣凯瑟琳修道院

2 乔托，《耶稣诞生》
1304—1306，壁画，200厘米x185厘米，意大利帕多瓦的斯克罗维尼礼拜堂

耶稣基督虽然是有形体的，但这种形体已经超越了感性事物的一切局限和缺陷，所以绝不能通过人的艺术，用一般人的比例和形象，把基督表现出来。所以他们要销毁一切圣像，而且立下规矩，凡是用图形去表现基督和圣徒的人一律开除教籍，甚至还要追究刑事责任。你看，即便是为基督教服务的世俗艺术，都无法幸免于难，可见他们对文艺敌视到了何种程度。

但是，这样一个问题就出现了：上帝是至真、至善和至美的，那么上帝和美为什么会这样对立呢？问题的关键在于，对“美”的限定不同。基督教的思想家们认为，美是上帝的一个属性，就像是他的一个名字一样，但这种美是“精神的”，和艺术作品所引发的现实美感不但是不同的，而且是对立的。上帝是衡量万物的尺度，他全知全能，无所不在，但上帝又是无法估量的。因而，上帝之美不可表现，无法言说，就像世俗的人们无法喊出上帝的名字一样，人们只能通过修行和默想，才能领略真正的美。世俗社会中，越是感性的东西，就越不现实，离上帝越远；越是概念性的，精神性的，就越是现实的，离上帝越近。进而，文艺的感性之美，是不现实的，根本就不是美。人们应该从上帝的作品中去赞美上帝，而不是从文艺中去“审美”。在这样的层面上，基督教为自己敌视文艺的态度，找到了理论依据。

基督教讲人与生俱来就具有“原罪”，如果套用这样的观点，那么我们可以说，不论基督教在其他时候，或其他方面具有什么积极的意义和作用，在美学上，基督教扮演了使美学发展跌入谷底的角色，从这个意义上说，基督教之于美学和文艺，是有“原罪”的。

三个这样的人

在漫长的中世纪，基督教的经院哲学一直在思想领域处在独尊的地位，一切知识和真理都应该是关于上帝的学说，除此之外，其他的都会被视为异端邪说。基督教的宗教审判所曾经多次把布鲁诺（Giordano Bruno，1548—1600）、伽利略（Galileo Galilei，1564—1642）这样用自然科学来质疑教会学说的人，处以重刑。不难想象，自然科学家们，可以用客观物质世界中通过实验和观察得到的规律，与经院哲学中关于上帝造人、物质虚幻之类的学说对抗，他们可以在经院哲学之外找到一种学说体系。但在思想和哲学领域里，这种情况很难出现。在中世纪，很难有哪一个社会科学

1 | 2

1 米开朗琪罗，《亚当和夏娃》
1508—1512，壁画，梵蒂冈西斯廷教堂

2 贾斯特斯·萨斯特曼斯，《伽利略肖像》
1636，油画，伦敦格林威治国家海事博物馆

家或哲学家，可以在经院哲学之外，找到一种新的思想体系。这其中的原因，最主要的一条就是：教会掌握了教育。没有良好教育的人，是不可能在思想和哲学上有所建树的；而一旦某些人具有了哲学和思想上的知识和思考能力的时候，他们必然是在神学教育的体系下培养起来的，那他们就不可能像自然科学家那样，完全跳脱经院哲学的束缚。所以，在中世纪，我们不可能在教会之外找到真正的“美学”思想者，那些仅有的一些美学精神的延续，也都是由信徒或者教士们做出的，当然，那是一些有点另类的信徒和教士。

1.一个真正的圣徒以及圣徒的忏悔——圣·奥古斯丁（St. Aurelius Augustinus，354—430）

圣·奥古斯丁的一生可以分成两个阶段：还未皈依基督教的阶段，成为一个虔诚的基督徒、对自己以前的所作所为忏悔不已的阶段。由于生活在中世纪的早期，古希腊罗马的文学和艺术在社会中的影响还存在，所以他对古典文学乃至美学有着相当深刻的研究，他自己当过文学教师，写过一些为诗歌和艺术辩护的文字，针对文学虚幻的指责，他曾经睿智地指出：艺术的欺骗不是真正的欺骗，诗歌和绘画也不仅仅是美丽的谎言，在它们的虚构中有一种“真实性”——这是相当不容易的事情。他在早期甚至还写过一本名为《论美与适合》的美学著作。这部著作，在写出不久后手稿就遗失了，当后人对此惋惜不已的时候，作为基督徒的奥古斯丁自己却表现出无所谓的态度——他在自己的下半生找到了基督教，那前半生的种种作为和著述就一点也不值得关心了。

当然，他自己的态度是一回事，我们对他的态度就是另一回事了；他自己不重视他在美学上的成就，我们这些后人却不能忽视他在美学上的贡献。

从继承的方面说，奥古斯丁接受了柏拉图的美学思想，并通过柏拉图对古希腊毕达格拉斯学派的东西重新作了发挥和解释。他给美下的定义是：“整一、和谐”，而物体的美则是因为，物体各部分具有适当的比例，是对称的，再加上悦目的颜色。从这些上看，似乎他是一个重视形式美的人，但实际上，他所说的“整一”是一种本原和精神意义上的。他曾经说过：“任何物质对象的美都在于具有某种柔和色彩的各部分的谐和……但是，当

1

1 波提切利，《圣·奥古斯丁在他的书房》
1490—1494，木板油画，41厘米x27厘米，佛罗伦萨乌菲兹美术馆

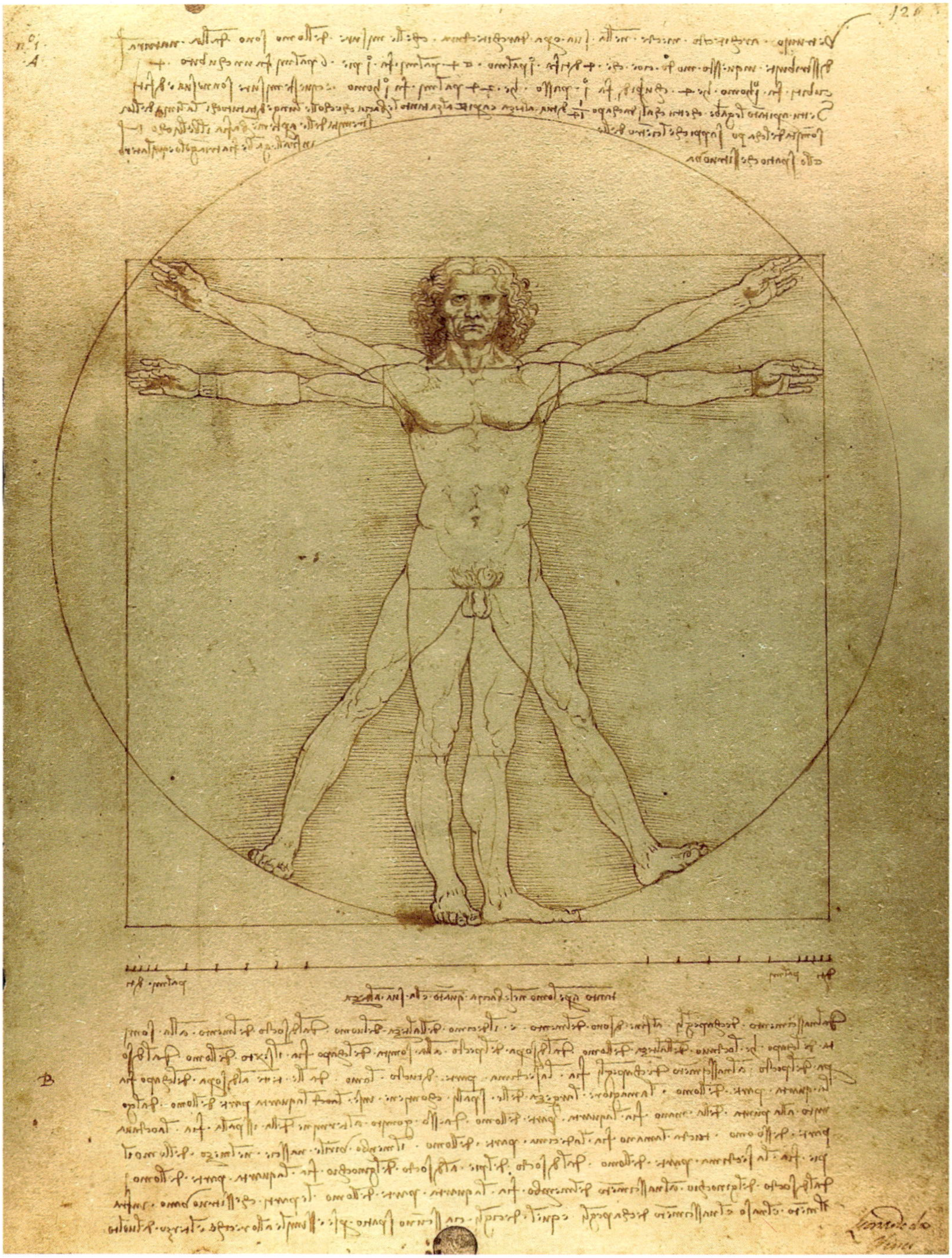

正义像太阳一样在天父的天国里照耀的时候，色彩柔和的程度会多么大呀。”这是什么意思呢？他想说的是：任何美的事物都只是“有限的美”，这种美是感性的，只有最高的精神世界中的美才可能是无限的、理性的。我们前面说过柏拉图的“理念”说和“美的层次”理论，物体美是“理念”世界向低层次流溢的产物，是影子，只有最高的“理念”才是绝对的美。奥古斯丁显然是继承了柏拉图的这一看法，所不同的是，柏拉图认为最高的层次是“理念”，奥古斯丁认为最高的层次是“天父的天国”，是基督教的彼岸世界。

他还试图把“数”加以绝对化和神秘化，他认为美的基本要素就是“数”，形式的匀称和谐，乃至物质世界的体积和运动都是由数统辖着的，数就是整一，以等同和类似而美，数与秩序密不可分。仿佛整个世界都是上帝按照数的原则创造出来的，所以才现出整齐和谐、有秩序之美。他这种把“美”和“数”，和几何学意义上的“比例”结合起来的看法，上承毕达格拉斯学派的“黄金分割”学说，下启文艺复兴时期达·芬奇（Leonardo Di Ser Piero Da Vinci，1452—1519）、米开朗琪罗（Michelangelo di Lodovico Buonarroti Simoni，1475—1564）等人对美的线形特征所作出的数学公式。这其实是形式主义美学的发展脉络，奥古斯丁是其中不可缺少的一环。

奥古斯丁是一个矛盾的人，在皈依了基督教之后，他写作了著名的《忏悔录》，忏悔自己年轻时被古希腊罗马的文学艺术迷惑住心魄的“劣迹”，但是他似乎是个对美的形式天生敏感的人，所以即便是在《忏悔录》中，他对美的事物的外部形式也还是宽容的，也试图用基督教的理性为这些形式上的美予以辩护。不过，他所说的美又不可能涉及世俗的情感，因为基督教的信仰不允许他把美填充上这样的内容。所以他只能把美停留在形式上。

也许是矛盾的情感教会了他用朴素的辩证法思想去看待矛盾的事物，这使得他在一些美学问题上，不光有继承，而且还有了创建。在思维方式上，奥古斯丁有一个理论听上去非常有近代的意味：“我疑，故我思”，那意思是说怀疑中包含着肯定。我们都知道笛卡儿（René Descartes，1596—1650）的著名论断：“我思，故我在”，那是17世纪法国理性主义思想第一

1

1 达·芬奇，《维特鲁威人》约1492，纸面墨水画，34.3厘米x24.5厘米，威尼斯学院

个重要的命题，讲的是理性和存在之间的关系，奥古斯丁当然不可能去谈什么“存在”了，但他这样辩证的思维方式倒是给了后人启示。

运用这样的思维方式，他在解释“美”和“丑”的问题上，超越了前人和他那个时代的水平。他认为宇宙的对称之中本来就包含着矛盾双方的对立，如同光和阴影的关系一样，美的事物需要丑的事物的衬托。在一幅画中，阴影布置得合理，并不会使画面显得丑陋，这说明丑是相对的，孤立地看事物的某些部分是丑的，但在更大的整体中，丑的部分反而有助于造成和谐的美感。进一步地，他不再把丑看作是消极的，丑甚至成了美的一个从属的要素，也具有积极的意义。美与丑的对比关系，可以使事物的“整一、对称、和谐”更加丰富，这就是所谓的“寓杂多于整一”的美学原则。在这一点上，奥古斯丁甚至超越了希腊人。在古希腊，最集中讨论“丑”的问题的人是普鲁塔克，但他只是把“丑”看作是艺术技巧不完善的产物，除此之外没有给“丑”赋予更多的作为一个独立的美学范畴的意味。

奥古斯丁比普罗丁走得也更远，因为普罗丁谈“丑”，只是在抽象的层面才赋予它一些积极意义，而在具体美感的问题上，“丑”还是被当作消极的。直到奥古斯丁，“丑”才成为“美”的从属要素。

奥古斯丁显然是一个聪明的人，但他首先而且最终更是一个虔诚的基督徒，所以他把更多的聪明才智用到了如何使他的美学思想为基督教服务上去了。承认“丑”的合理性，这是有见地的，但他由此在现实层面，把丑恶的、不合理的东西说成是美好的东西所以美好的条件，并认为这是上帝明智的安排，让人们去心安理得地接受它而不是去消除它，这就有点为宗教的思想统治和现实统治中种种不合理的东西，文过饰非的意思了。

2.一个优秀的主教以及主教的困惑——圣·托马斯·阿奎那（St. Thomas Aquinas，1227—1274）

圣·托马斯·阿奎那毫无疑问是一个优秀的神学家，这不仅因为基督教公认他为中世纪最伟大的一位神学家，更是因为他那著名的《神学大全》在学术和思想上对后世久远的影响。他是一个极为勤奋的人，在不到五十年的一生中，积极参加社会活动，乐于宣传他所属的多米克教团的教义，勤于著述，曾经在巴黎、罗马等地方讲过学，还做过国王和教皇的顾问，帮助他们进行教务管理。他的神学思想庞大而严谨，不仅在神学或者说经院哲学领域意义重大，在更广的哲学领域，他上承柏拉图的神秘主义，下启康德先验哲学和形式主义，其重要性也是难以忽视的。在神学家之外，我们才能说他是一个美学家。《神学大全》中有着对美的直接论述：

> 美有三个因素。第一是一种完整或完美，凡是不完整的东西都是丑的；其次是适当的比例或和谐；第三是鲜明，所以着色鲜明的东西是被公认为美的。
>
> ——《神学大全》第二部分第 39 节第 8 条

1

1 克林姆特，《生与死》1910，油画，180.5厘米x200.5厘米，奥地利立奥波德博物馆

不难看出，他还是倾向于从形式上谈美，这和奥古斯丁的思想一脉相承。但他说“美属于形式因的范畴”，便更具有了哲学意味。“美”是让人一眼见到便不假思索感到愉悦的东西，它是通过感官对形式的接受，不涉及

概念的认识和推导，也不涉及欲念的满足，是人对形式的感性直接的认识。

在西方有一种论调，认为中世纪奥古斯丁和阿奎那的关系，类似于古希腊柏拉图和亚里士多德之间的关系。意思是说，阿奎那既继承了奥古斯丁的衣钵，又将他的思想更加体系化、哲学化了。而且在对待美的问题上，阿奎那似乎更加宽容，不论是对诗歌还是绘画，他已经不再像奥古斯丁后期那样几乎成了一个禁欲主义者。这情景类似亚里士多德对柏拉图学说的反驳和体系化。阿奎那谈形式美，至少在两方面超越了奥古斯丁。

其一，他辨别了“美”与“善”的相互关系，他认为“美”与“善”是不可分割的，两者都以形式为基础，但两者毕竟有区别，因为“善”涉及人的欲念，是作为一种目的被人看待的，人们追求“善”，实际上是在使欲念得到符合某种目的的满足。而“美”本身就是目的，人们见到美的事物或认识到“美”，这见到或认识的过程本身就可以使人满足。他通过区别“善”与“美”，把“美”和“欲念”、“目的”联系到了一起，他断言，在“美”中，欲望是平静的，“美”成了一种“无目的的目的”。

其二，“美”既然是一种直接的认识，只和知觉而非欲望有关，那么“美”为人们感受，肯定是通过特殊的审美感官完成的。阿奎那认为在各种感官中，只有视觉和听觉是审美感官，而诸如味觉、触觉、嗅觉之类的感官则不是。原因有两方面，一方面，视觉、听觉方面的形象比较容易与直接激起人们欲望的实在事物区别开来，而其他的感官则是事物激起人们欲望的途径。另一方面，视觉和听觉较之其他感官，能够领悟一个结构上的整体，因而才能感受到事物因色彩和比例上的“和谐整一”而表现出的美。进而，他还认为，视觉是第一位的，要比听觉更接近智力。这种通过人的感官讨论美的方法，最早是从托马斯·阿奎那这里开始的。文艺复兴时期，达·芬奇继承了视觉高于听觉的观点，认为绘画等通过视觉的艺术高于诗歌音乐等通过听觉的艺术。德国启蒙主义美学家莱辛（Gotthold Ephraim Lessing，1729—1781）也是受到阿奎那的这一启发，才写作了著名的美学著作《拉奥孔》，根据视觉和听觉的分别来讨论诗歌和绘画的边界和异同。这些从一定程度上说都获益于阿奎那，他实际上区分了美感和一般快感，进而通过视觉和听觉的分别，区分了艺术和美的最主要的两种样式。

阿奎那也接受了中世纪关于美有不同层次和阶梯的看法，不管是奥古

1

1 卡罗·克里韦利，《圣·托马斯·阿奎那像》 1476，木板油画，60厘米×40厘米，英国国家美术馆

斯丁把美分为：肉体美、经由肉体之美、肉体周围之美、灵魂内在之美、趋向上帝之美、与上帝共存之美。或者是其他的说法，其内在的意味都是想说：最低层次的美总是意味着来自外部物体的刺激之美，美的上升运动渐渐地可以把人带向更富有道德性、更为内在的美，乃至把人带入一种完善与完美的境地，这时候美意味着和上帝结合在了一起。把美分层次，把最高层次的美和自己的宗教信仰联系起来，这固然是一个解决宗教和美学矛盾的方法，但这还不足够。

正是在这里，阿奎那的困惑表现了出来。怎么样才能使低层次的、但生活中常见的美具有合理性呢？他找到的排遣这一困惑的方法是——象征。所谓象征，是指在上帝这个造物主和他的创造物之间有着某种程度上的相似，上帝创造的一切事物都是上帝的映像和暗示，因而如果上帝是美的，那一切事物从某种程度上说也是美的。在它们身上可以“象征”出上帝的美。基督教在这个问题上，向来有两种说法：一种认为上帝寓于一切事物当中，万物和上帝的神性之间的相似性无所不在；另一种认为上帝是最为崇高和超然物外的，这使得其有别于一切有限的事物。显然第一种说法有利于为现实美的合理性提供辩护。阿奎那不可能把这种“象征”停留在“简单相似”的意义上，因为这样就降低了上帝的崇高地位。这是一种“两难的境地”。他又把自己的话反过来说，所有的事物虽然都希望通过模仿上帝的绝对统一性而成为整一的，但它们缺乏上帝的那种绝对的不可分割性。因而各种“事物之美”因为受到了粗俗的物质的拖累，不可能成为“上帝之美”真正的镜子，而只能成为“上帝之美”不明显的影子。阿奎那，生怕这样的解释还没法消除自己内心的困惑，进一步把上帝和创造物之间的相似性，不再只说成是层次上的，而且还是“外壳”和“内在”之间的。这样，“神灵美”和“感性事物之美”可以同时存在于事物本身，所不同的是，“神灵美”是一种内在美，而且因为和“上帝之美”更加接近，对居于事物“外壳”的感性之美有支配作用。

阿奎那从学理上不断寻找一些理论，来解释美学和宗教之间的矛盾，同时排遣自己作为一个对“美”有所宽容的神学家的困惑。毋庸讳言，他越是想方设法解释，越是会暴露出中世纪用宗教压制美学的事实，他自己的理论也因此显示出众多矛盾的地方。美学需要一种堂而皇之的存在理由，而不能再这样欲言又止、遮遮掩掩了。那正是但丁（Durante degli Alighieri，1265—1321），还有文艺复兴的美学家们要做的事情。

3.“中世纪的最后一位诗人，同时又是新时代的最初一位诗人。”——但丁

我们引用恩格斯（Friedrich Von Engels，1820—1895）对但丁的这一评价，正是从但丁这种特殊的双重身份中看到了他对于美学的重要性。从某种程度上说，他的思想最适合来展示文艺思想从中世纪向文艺复兴转变的过程。

但丁出生在佛罗伦萨，是在中世纪后期浓厚的神学氛围中成长起来的。但丁在他的著作中曾经不止一次地提到，他把托马斯·阿奎那当作自己在精神上的导师，可见神学传统对他影响之深。但另一方面，我们知道佛罗伦萨是近代工商业发展最早的城市，也是近代资产阶级思想最早萌芽的地方之一，在这样的环境中出生成长，为但丁产生新的、符合他那个时代要求的文艺思想提供了契机。不仅如此，但丁在现实和政治生活中的际遇，

1

1 波提切利，《但丁肖像》
1495，蛋彩画，54.7厘米×47.5厘米

也让他在对待天主教和神学的态度上发生了转变，当但丁的文学和思想成熟的时候，他所受到的基督教神学的影响更多的只能潜在地表现在哲学修养和思维方式上，而不会直接表现为宗教的信仰了。但丁年轻的时候是一个热衷于政治的人，虽然出生贵族之家，但却把自己的政治理想和新兴的市民阶级联系在一起。当时有所谓的“教皇党”和“皇帝党”的斗争。“皇帝党”代表的是传统贵族的利益，维护世俗王权的统治。而“教皇党”则主要由两类人组成：一类是亲教皇的贵族，又称为“黑党”；一类是想借用宗教的力量统一国家的新兴工商阶级，又称“白党”。但丁虽然站在“教皇党”的一边，但在其内部所谓的“黑白两派”的冲突中，他又站在“白党”一边，对教皇的统治提出了批评。在“白党”失败之后，他曾被教皇下令终身流放境外。我们都知道，但丁在他伟大的诗篇《神曲》中，曾经把教皇放在地狱的第八层，可见他的政治态度。

在文艺思想和美学上，说但丁是中世纪最后一位诗人，因为不论是在《神曲》中，还是在他讨论《神曲》的信——《致斯加拉大亲王书》中，中世纪经院神学那种神秘的气息和烦琐的方法都表现得很明显。《神曲》的结

构框架——人的灵魂遍历了地狱的罪孽和惩罚，经过炼狱的净化，终于可以升入天堂，这就是基督教神学对个人修行的要求。《神曲》由《地狱》、《炼狱》(又译“净界”)、《天堂》三部长歌组成，每部长歌又由三十三曲短歌组成，每曲短歌又分成若干诗行，每三行一节。这样一种“三棱形”的整饬结构，把“三”这个数字神秘化了，目的是象征着基督教的“三位一体”。不仅如此，在《神曲》中，中世纪神学的典故、故事、象征、寓言比比皆是，哲学思辨的方法也很明显，但丁深厚的神学背景总是不自然地流露出来，所以有的人把《神曲》看作是一本形象的“神学大全”。

在对文艺基本看法上，但丁也还有着明显的中世纪痕迹。在讨论《神曲》时，他把诗歌和文艺看作是“寓言”，特别强调诗歌具有以下四种意义：字面的、寓言的、哲理的、奥秘的，除了字面意思，后三种都是象征和寓言意义上。这些都是中世纪普遍流行的看法，其核心就是把文艺看作是通

1 2

1 多梅尼科·迪·弗朗西斯科，《但丁与〈神曲〉》 1465，壁画，232厘米×290厘米，佛罗伦萨圣母百花大教堂

2 波提切利，《地狱》 1480—1490，油画，33厘米×47.5厘米，梵蒂冈图书馆

过言外之意，和某种精神上的、特别是宗教信仰上的意义联系在一起的东西。

但丁更重要的角色是“新时代的最初一位诗人”。这是一个什么样的新时代呢？简单地说，是一个重新发现“人”的时代。但丁是欧洲文艺复兴的先导，而文艺复兴所代表的价值观就是力图把“人”从“神”的绝对压制下解放出来，让人的意志自由、欲求合法，让人有更大的权利支配自己的思想和行为。这是一种所谓的“人文主义”。我们去看《神曲》，虽然如上所述，那种象征的手法带有明显的中世纪色彩，但文字所象征的内容已经不再仅仅是中世纪的内容了。在《神曲》里，古罗马的诗人维吉尔是那个像导师一样带领诗人游历地狱和炼狱的人，而引领诗人来到天堂的是诗人的初恋情人——一个名叫贝阿特里齐的姑娘。这也是一种寓言和象征：古罗马诗人，这在正统的基督教思想中是“异教”的代表；初恋情人，那是“肉欲”的象征。在“异教”和“肉欲”的引导下，竟然可以到达天堂，但丁的这个象征显然不是中世纪的内容了。如果这样的解说还只是我们的猜测的话，那但丁自己解说《神曲》的话则更为明显了：

> 从寓言来看全诗，主题就是人凭自由意志去行善行恶，理应受到公道的奖惩。
>
> ——但丁《致斯加拉大亲王书》

> 我是一个人，当爱情鼓动我的时候，我依照他从我内心发出的命令写下来。
>
> ——但丁《神曲·炼狱》第 24 篇

“我是一个人”，这几乎可以看作是一句划时代的口号了。但丁说《神曲》的主角是“人”而不是“神”，而且是具有“自由意志”的人，这从根本上摆脱了中世纪美学那种在宗教和艺术美之间摇摆，欲言又止扭扭捏捏的状况，大大方方地跳开宗教思想的束缚，从人的需要和感受出发，谈论美和艺术了。

但丁另一个对新时代文艺和美学的贡献，在于他提倡用来自民间的“俗语”来取代教会拥有特权的拉丁语，从事文艺创作。他有一本就叫作《论俗语》的理论著作，虽然是用拉丁文写成的，但其内容却是在和这种教会的官方语言对着干。但丁认为，俗语对于人来说是自然的，因为人一直就在使用它，而拉丁文是矫揉造作的，用俗语写作，可以使文学更接近自然和民众。当然，他所说的俗语并不是没有选择的民间白话，而是他理想中的“光辉的俗语”，是当时意大利各地俗语中优秀部分的综合，就像他自己在《神曲》中使用的语言那样。但丁不仅在理论上阐述了自己的民族语言在文艺上的重要性，而且通过自己的文学实践，证明俗语写作可能达到的美学上要求的崇高、优雅的水平，俗语并不是粗俗的。但丁在这方面的贡献有点类似于中国19、20世纪之交“白话文运动”那些先驱者的作用。

可以这样说，由于但丁的存在，在中世纪和近代美学之间，我们才能找到一个标志性的界限。

1

1 古斯塔夫·多雷，《但丁与贝阿特里齐在天堂》
19世纪，插画

复兴还是创新
——文艺复兴提供了什么新东西?

文艺复兴的动力和源泉

从时间上，文艺复兴由但丁所处的13世纪开始，到16世纪时达到高峰。从地域上看，文艺复兴最早、最集中地出现在意大利，同时又有所谓的“北方文艺复兴”——欧洲大陆和英国，在学习意大利文艺复兴成就的基础上也有了各自民族的文艺复兴。文艺复兴从而也成了全欧洲的事情。文艺复兴时期，美学和文艺的发展是交错在一起的，很多的艺术家，比如达·芬奇不但创作了具体的绘画作品，还写作了画论。但总体上说，艺术实践和美学理论的发展还是相对不平衡的。我们知道，文艺复兴时期文学和艺术上的巨大成就，而且还知道这些成就大多不再是对古希腊罗马艺术的模仿和复兴，而是一种技巧和内容上的创新。但文艺复兴时期，具体的艺术谈和创作论很少最终形成体系性的美学理论。那一时期的美学，要么表现为在微观上或者在某些具体问题上和艺术实践相适应而有所创新；要么表现为在体系和宏观的美学问题上继承和复兴古希腊罗马的理论，而开创性的成果不多。

当然，即便如此，也属于难能可贵了。毕竟，文艺复兴，已经使西方文明中一度被压抑的审美意识，鲜活地恢复了，非要求它在理论上也要达到与实践上同等的高度，那就有些苛求了。而且，通过前面的讲述，我们也知道艺术和美学的发展往往并不一致。

“文艺复兴”(意大利语为 rinascita，法语为 renaissace）在西方语言中，原意是“古典学术的再生”，只是在汉语的翻译中，“文艺”才取代了“学术”，并一直沿用了下来。这虽然只是字面上的差异，但却可以给我们一个信息——文艺复兴虽然主要载体是文艺，但不光是文艺的事情，从一个更广的范围看，它的动力在文艺之外。

人们常常把文艺复兴的精神核心概括为“人文主义”，一般说来，人文主义是指“以人为本”的思想，其否定的是“以神为本”的神权中心思想，以及压抑人的正常需求和欲望的来世主义和禁欲主义；而肯定的是人的个性自由、人自身的理性和意志，以及在现实中全面发展的生活理想。西方的人文主义传统，是从文艺复兴时期真正确立起来的，但早在古希腊罗马时期，在学术和教育之中，就孕育了人文主义的种子，“人文主义”（英语为 humanism）这个词，就来源于拉丁语（humanitas），而它又在希腊语中有着更古老的词根，意思是“人文学科”。在公元前 5 世纪雅典的世俗教育中，有七门学科被称为“人文学科”：语法、修辞、逻辑、算术、几何、天文、音乐。可以看出来，不仅是我们今天所说的“文科”是“人文学科”的内容，某些自然学科也是其内容。在中世纪后期，当世俗教育从教会的压制下慢慢恢复的时候，又重新开始把这样的“人文学科”作为教育的主要科目。文艺复兴时期，在文学艺术辉煌前，是“人文学科”在学术和教育中更广范围的恢复。

人文学科在教育和学术中的恢复，是西方“人文主义”传统形成的载体，从而也可以说是“文艺复兴”最直接的动力。“文科”传统的恢复对文学艺术的促进作用，这很容易理解。那些看似和文艺没有什么直接关系的“理科”也是文艺复兴的动力吗？答案是肯定的。首先，在精神上，自然科学崇尚真理和现实经验的精神是和中世纪神学基础对立的，这和用“人”来反对“神”的思想是一脉相承的。其次，自然科学的发展，可以成为艺术方法、艺术观念变革的工具。比如几何学和物理学的发展，促生了绘画上的比例理论、透视理论；解剖学的发展使得雕塑更加有据可循。我们往往有这样一种

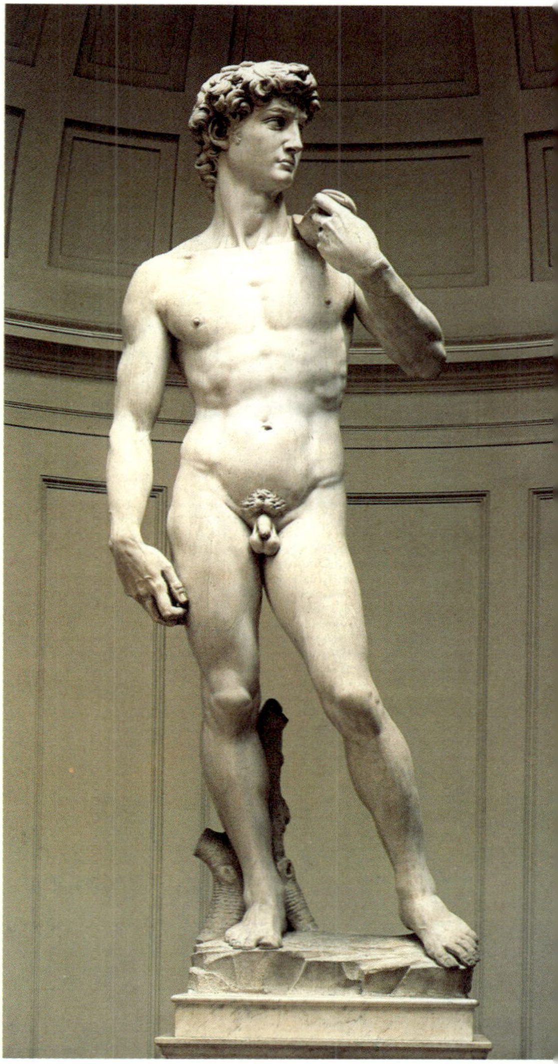

1

1 米开朗琪罗，《大卫》
1504，大理石，高434厘米，佛罗伦萨学院美术馆

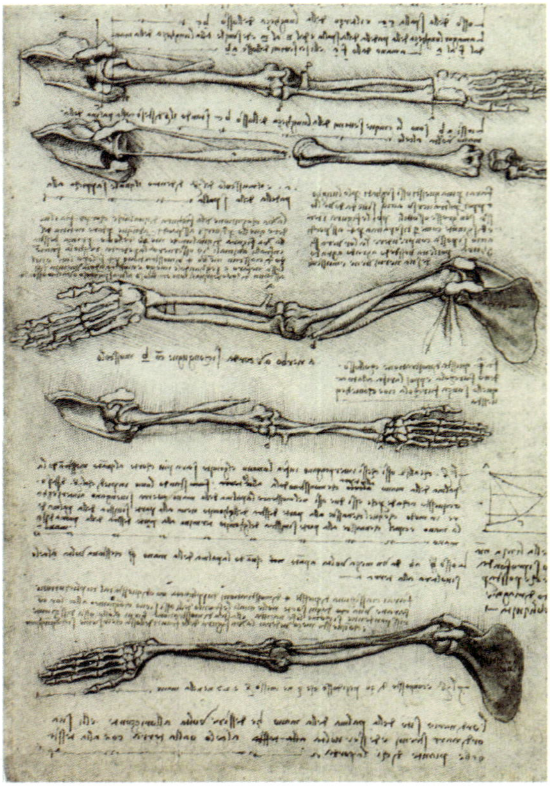

直观的感觉，总觉得文艺复兴时期，特别是意大利的文艺复兴，造型艺术所取得的成就要比文学成就更大一些，对后世的影响也更明显。这其中的原因是什么呢？在我看来，这一方面是因为文艺复兴时期人文主义者在文学上使用的是优雅的“拉丁文”，写出的大多是模仿古罗马作家西塞罗的文体，只有少数最为优秀的作家才能跳出这样的窠臼。另一方面也和自然学科在学术和教育中的发展有关。自然学科的成就，如上所述，可以更为直接地应用于造型艺术之中，而应用于以文字为载体的文学中的可能性较小。我们不妨举个例子。我们知道，达·芬奇不仅是一个伟大的画家，同时还是杰出的物理学家，在他长期的绘画实践中，他探讨了力学、解剖学、透视学、明暗学等多方面的自然科学。达·芬奇曾经计划写三部学术著作，分别是绘画论、力学和解剖学，虽然最终也没有完成，但足以看出他身上对于自然学科的兴趣和修养。这和他的绘画创作是相辅相成的，没有这些方面的造诣，他很难在造型的精确性上取得如此大的成就。我们看《蒙娜丽莎》，不论从哪个角度去看，似乎都会感觉她的眼睛是正视着你的，而且微微上翘的嘴角总是带着神秘的微笑。这样高超的艺术技巧从何而来呢？后来的人发现，这是达·芬奇利用人体比例学的原理，把蒙娜丽莎眼睛的位置稍稍向上移了一点，又利用透视学和色彩理论，才达到了现在这样的艺术效果。从这个文艺复兴巨匠身上我们可以看出，包括了自然科学在内的“人文学科”对文艺复兴的作用。

除了“人文学科”复兴这个直接的动力，“文艺复兴”更深层次的动力当然是社会变革的要求，是新的社会力量从思想上、制度上、生活上摆脱限制的要求。新出现的工商业者，以及越来越成型的市民阶层，他们虽然没有放弃宗教信仰，但在思想和现实生活中，一切都纳入神学和宗教的轨道，是他们无法忍受的。城市的兴起，市民阶层的壮大，有效地削弱了封建教会以土地和农业为基础的统治。城市的生活理想培养着新的审美趣味，城市建筑和装饰的现实需要也促进了造型艺术的发展。所以有一句话说得好：“没有城市，就没有文艺复兴。”当时，在一个没有统一的意大利，掌握着城市领导权的贵族在政治中的地位依然重要，但他们中的很多人已经不再像中世纪的贵族那样，完全依附于教会。他们中的很多人也开始具有所谓的“人文主义”思想，对新的文艺采取一种支持的态度。举个例子，我们知道，今天很多文艺复兴时期的艺术品都被美第奇家族收藏，这个美第奇家族从 15 世纪到 18 世纪统治着佛罗伦萨，是个资产阶级性质的封建贵族，他们虽然在政治上以诡谲狡诈而出名，但却热心资助艺术和人文教育，建过展览馆和公共图书馆。很多画家和艺术家是在他们的资助下成长起来的，而整个佛罗伦萨在文艺复兴时期的成就也和他们分不开。像美第奇家族这样的角色，在威尼斯、热那亚这些文艺复兴重镇都有。所以，城市的兴起，市民阶层的壮大，以及城市贵族对艺术的资助，这可以说是文艺复兴的又一个动力。

回到文艺和美学上来看，文艺复兴的源泉有以下几个：第一，当然是古希腊罗马的文艺美学，这是它直接学习和模仿的对象。第二，是新的思想和观念在文艺美学中的反映，这是它最核心的内容。第三，是中世纪民间文艺，中世纪的造型艺术。前两点很好理解，我们在下面会详细地讲述。

1 2

1 达·芬奇，《手臂骨骼研究》
钢笔墨水，温莎皇家图书馆

2 达·芬奇，《蒙娜丽莎》
约1503—1506，木板油画，77厘米×53厘米，巴黎卢浮宫博物馆第三点和我们前面说的似乎有些矛盾。不是说“文艺复兴时期的美学和文艺是中世纪黑暗尽头的曙光”吗？那中世纪的东西又怎么能成为文艺复兴的源泉之一呢？原因是这样的。

中世纪教会统治着的“官方”思想，如前所述，当然是否定美学、敌视文艺的，但在民间，不需要掌握教会垄断着的“拉丁语”也可以进行文学创作，这就是民间的口头文学。在中世纪，最著名的民间文学的形式就是所谓的“骑士传奇”，在意大利、法国、西班牙等地，都流传着这样的故事：骑士们跟从他们的主人去战斗，或者是为了完成心爱姑娘的某种愿望，到了好多地方，经历了各种各样的艰险，最后凯旋，或是回到心爱姑娘的身边。在这类骑士传奇中，宗教色彩很弱，世俗生活气息很浓。这些骑士的价值观和生活态度往往不是官方的，而是表现出对生活和爱情的忠贞。在13世纪法国的民间文学《奥卡逊和尼柯莱特》中，当有人警告男主人公，如果把女主人公作为爱人的话，那他就进不了天堂了。男主人公是这样回答的：我到天堂里去干什么？天堂里只有老朽的牧师、跛子和残废者。我要去的地方是地狱，那里有在高贵的战争中死去的漂亮的骑士，有善良的乡下绅士和自由人。我要跟随这些人前去，还要带上我的心上人尼柯莱特。从这里可以看出一些和文艺复兴中重视人的现实幸福，不再被宗教禁欲和来世思想束缚的价值观。从某种程度上说，薄伽丘（Giovanni Boccaccio，1313—1375）的《十日谈》、塞万提斯（Miguel de Cervantes Saavedra，1547—1616）的《堂吉诃德》这样的人文主义作品，其创作源泉就在于中世纪的民间文学。

在绘画和建筑上，中世纪也不能说对文艺复兴一点影响都没有。我们知道，虽然文艺复兴是提倡“人文精神”的，但在绘画上，特别是在拉斐尔和米开朗琪罗那里，宗教人物和宗教题材仍然占有很大的比重，在技巧和题材的延续上，中世纪的宗教画对他们的影响很大。如果我们从西方建筑史的角度去看中世纪，也可以得到类似的结论。中世纪哥特式建筑的兴起是建筑史上的大事，即便文艺复兴推崇的是古典主义的美学，但在艺术技巧上，很明显地保存了哥特式建筑的影子。中世纪最著名的建筑是圣索菲亚大教堂，建于公元503年。在西方，人们往往把圣索菲亚教堂和罗马的圣彼得大教堂（建于文艺复兴的16世纪，后来损坏，现在在它的遗址上建有新的圣彼得教堂）之间的一千年间，称为世界的“建筑时代”。我们从文艺复兴时期最著名的佛罗伦萨圣母百花大教堂的圆顶和尖顶上还能看到中世纪那种建筑风格的影响。

所以，在西方文化史的研究中，有这样一种观点，认为从某种程度上说，应该把文艺复兴的源头向前推到中世纪。且不说这样的学术争论到底有多少真理的成分，需要明白的是，有时候文艺和美学的发展是复杂的，不是简单的超越关系。文艺复兴超越了中世纪，这是主要的方面，但它又和中世纪有着这样那样的联系，这一面我们也不能完全忽视。

人的发现：美学跳出了神学的圈套

在中世纪，美是上帝的一个名字。天主教用这样的思想来反对世俗的文艺，而中世纪的那些思想家们，即便开始为美和文艺辩护，也是按照神学的方式来做的。他们说文艺和美是虚构，但这种虚构是合理的，因为它们是关于上帝精神的寓言。“诗即寓言”——这种美学思想是神学和美学角力和谈判的结果。一方面，这是美学家和文艺家们一个不得已的策略，在神学的框架里谈美才是安全的。另一方面，这又像是神学为美学设下的一个圈套，想谈文艺吗？想的话就必须用宗教作为护身符。奥古斯丁、阿奎那

1

1 约翰·威廉姆·沃特豪斯，《十日谈》
1916，布面油画，102厘米×159厘米，英国丽芙夫人艺术美术馆

的美学观点自不必说，即便是文艺复兴早期的三个先导人物但丁、薄伽丘、彼特拉克（Francesco Petrarca，1304—1374）也难以逃脱这样的圈套。在文学创作上，他们可以跳开神学，甚至站在神学的对立面，但在文学理论和美学上，他们就显得羞羞答答、底气不足了，“诗即寓言”这个神学的圈套成了他们共同的论调。

把“美”从理论上看作是“人”而非“神”的创造，这到了文艺复兴最高潮的时候才真正完成。其标志是这样两部美学著作的出现：一个是达·芬奇的《绘画论》，一个是卡斯特尔维特罗（Ludovico Castelvetro，1505—1571）的《亚里士多德〈诗学〉的诠释》。

达·芬奇的《绘画论》，是后人根据他的笔记整理而成的。从总体上说，《绘画论》是关于绘画的专门理论，其中讨论了许多专属于绘画的基本观点和具体技巧，但在一些地方，达·芬奇也从绘画中引申出了一些普遍的美学观念。

1　2

1 圣索菲亚大教堂的《女皇佐伊马赛克》
11世纪，土耳其伊斯坦布尔

2 圣母百花大教堂的圆顶
始建于13世纪

首先，他认为艺术是对现实和自然忠实的反映，就像镜子对世界的反映一样。据说达·芬奇是一个不信宗教的人，认为哲学家要比基督徒高明得多。而且，他还是一个对自然科学痴迷的人，认为一切知识、科学都是人们感官经验的结果，他甚至认为绘画也属于科学范畴。科学是对自然和现实忠实的反映，那真正的艺术必然也是如此。他说：

> 画家的心应当像一面镜子，将自己转化为对象的颜色，并如实摄进摆在面前所有物体的形象。应该晓得，假如你不是一个能够用艺术再现自然一些形态的多才多艺的能手，也就不是一位高明的画家。
>
> ——达·芬奇《绘画论》

这里显然重申了亚里士多德“模仿说”的美学观点。我们都知道达·芬奇画鸡蛋的故事，他之所以那样不厌其烦、精益求精地一遍遍画鸡蛋，正是因为他要力图做到像镜子一样准确地模仿现实。达·芬奇把直接地模仿自然叫作“作为自然的儿子”，而把艺术家之间的相互模仿和抄袭叫作“作为自然的徒孙”，每一个有追求的艺术家都应该拉近和自然这个“先辈”之间的“亲缘关系”，努力去当儿子而不是徒孙。

其次，达·芬奇又强调“理性”在艺术创作中的作用，认为只有在理性的引导下去反映自然，艺术作品才能够源于自然、高于自然。什么是他说的理性呢？这有两层意思：一层是指“人”在自由意志的引导下进行的艺术思考，一层是指艺术创作中包含着的科学的客观规律。这种“理性”不是柏拉图式的高悬于人们头顶之上的东西，是和人联系在一起的。达·芬奇认为“画家与自然竞争，并胜过自然”，凭什么能做到这一点呢？因为艺术家可以创造出自然中存在或者不存在的形象：

> 由于本质、由于实在、由于想象力而存在于宇宙的一切，画家都可以先存之于心中，然后表之于手。他并且把它们表现得如此卓越，可以让人在一瞥间见到一幅和谐匀称的景象，如同自然本身一般。

1

1 达·芬奇，《圣施洗约翰》1513—1516，木板油画，69厘米×57厘米，巴黎卢浮宫博物馆画家应该研究普遍的自然，就眼前所看到的东西多加思索，要运用组成每一事物的类型的那些优美的部分。用这种办法，他的心就会像一面镜子真实地反映面前的一切，就会变成好像是第二自然。

——达·芬奇《绘画论》

这里达·芬奇涉及了两个重要的美学问题：其一，艺术上的模仿自然和艺术家的主观创造是不矛盾的，艺术创造是主客观两方面的结合。其二，艺术创造应该是基于现实的“典型化”，允许符合自然规律的想象和虚构。只要在理性的指导下，只要艺术创作按照亚里士多德所说的“可然律”和“必然律”进行，那么艺术创作的结果既会“如同自然一般”，又“好像是第二自然”。

再次，达·芬奇的美学观点和文艺复兴“人本主义”的时代精神是紧密结合在一起的。他认为，艺术的动力来源于人，艺术所要表现的“自然”，其核心内容是人和人的思想感情。因为艺术的动力是人，所以他认为艺术家应该重视自身的道德修养和艺术品格。因为“一个优秀的画家应描写两件主要的东西——人和他的思想意图”，所以艺术就不可能像天主教要求的那样，是禁欲的，而是要给形象注入表情、情感、欲望乃至灵魂。在达·芬奇笔下，人物的表情不再像中世纪绘画那样是呆板僵硬的。我们从蒙娜丽莎的微笑中，看到的是面对新时代的自信和喜悦。我们在《最后的晚餐》里看到的是基督耶稣说出“你们中间有一个人要出卖我”之后门徒们各不相同的神态，却可以通过他们的神态看到他们的内心。这些，都是达·芬奇“以人为本”的艺术观最好的例证。

还有一点，需要特别指出。达·芬奇既是一个理论家，又是一个艺术家。所以他也特别看中理论与实践的结合。他有一句名言：“科学是将领，实践是士兵。”所以，他特别看中艺术家在实践中的磨炼。少年时代画鸡蛋，不必说了，相传在他已经非常著名的时候，为了画好《最后的晚餐》中叛徒犹大的形象，他还经常到无赖汉聚集的地方，去观察他们的相貌和行为，时间竟然长达一年之久。

达·芬奇如此看中绘画实践，还和他对于绘画这门艺术本身的整体看法有关。可能由于“在画言画”的关系，他认为绘画比文学重要，是最高级的一门艺术。原因主要有两个：一是因为绘画是和人类最高级的感官——视觉联系在一起的艺术门类，而文学、音乐等都主要和听觉有关；二是因为，相比较于文学，绘画需要更多门类的专门科学和技术，艺术家需要付出更多、更艰苦的劳动才能完成。在文艺复兴时期，造型艺术家们的地位是很高的，中世纪通过艰苦的劳动才能达成目标的艺术方式，是会被当作“匠人”的。但文艺复兴时期，艺术劳动的复杂性和艰苦性，正好可以体现的是“人”而非“神”在创造艺术，这反倒成了艺术作品价值的体现了。应该说，达·芬奇“重绘画轻文学”肯定是有失偏颇的，但在他那个时代，造型艺术的成就确实要比文学大一些，他这么认为也就是可以理解的了。

当然，也有看重文学的。卡斯特尔维特罗的《亚里士多德〈诗学〉的诠释》，就是从文学的角度，恢复和发展了“人”的美学。16世纪的意大利，对亚里士多德的《诗学》，乃至贺拉斯的《诗艺》的翻译和研究非常流行，新的译本和注释本不下十几种，按照亚里士多德和贺拉斯的思路写作的新

1

1 达·芬奇，《最后的晚餐》
1495—1498，壁画，460厘米×880厘米，米兰圣玛利亚感恩修道院

的诗论就更多了。这其中，在对古希腊罗马诗学的解释上存在着新旧两派的分歧：分歧的焦点在于，是严格地遵守亚里士多德的观点，还是根据当时意大利文学创作的现实，发展亚里士多德的思想，形成新的美学观点。保守一派把亚里士多德教条化了，把一些亚里士多德根据希腊的文艺现实总结出来的规律当作是普遍适合的规律了。这样的思维定式也影响了17世纪法国的新古典主义者，从这个意义上说，文艺复兴时期的保守思想又可以说是新古典主义的萌芽了。卡斯特尔维特罗的这部著作属于维新一派，在很大程度上把亚里士多德的理论和意大利新的文学现实结合在了一起。

卡斯特尔维特罗认为艺术作品能激发人的美感，其来源不外乎两种：一是题材的新奇，另一个就是处理手法上所显示出来的难能的技巧。所以，诗歌的题材不应该完全采用历史上已有的东西，而是要创新。薄伽丘的《十日谈》、彼特拉克的抒情诗都是在运用新的题材，虽然并不完全符合亚里士多

德的古典规则，但仍然是美的。他在美学上表现出了更注重艺术技巧的倾向：诗歌如果抱着固有题材不放，非但题材失去新奇性，而且诗人在运用这些旧题材的时候会毫不费劲，也就不会运用他的聪明才智艰苦劳动，在技巧上追求完美了。

卡斯特尔维特罗在美学上最著名的论断是认为诗歌只有一个功能，那就是娱乐。我们知道，文艺的社会功能，这是美学的一个重要问题。在这个问题上，中世纪的神学不承认文艺的教育功能，更别说是娱乐功能了——那是他们否定文艺的一大罪状。即便是在亚里士多德那里，也只是谈"寓教于乐"，娱乐性只是文艺的手段和途径，更重要的是娱乐背后的思想性和教育功能。而卡斯特尔维特罗却如此直言"娱乐是诗歌的唯一目的"，这在整个西方美学史上，可以说是第一次。他说：

> 诗的发明原是专为娱乐和消遣的，而这娱乐和消遣的对象我说是一般没有文化教养的人民大众，他们并不懂得哲学家在研究事物真相时或是职业专家在工作时所用的那种脱离平常人实际经验很远的微妙的推理、分析和论证。
>
> ——卡斯特尔维特罗《亚里士多德〈诗学〉的诠释》

说文艺只是为了娱乐，这在今天肯定会被说成是片面的看法。但我们把他的这个观点放到文艺复兴"人文主义"大环境里去看，就会发现其有着巨大的积极意义。文艺复兴时期以前，文艺要么不被重视，要么还羞答答地被当作关于上帝精神的寓言。寓言的作用是什么，不是娱乐，而是让人们通过表面的形式领悟到背后的道理，从而获得知识或道德。把诗歌的功能从理论上看作是娱乐，可以说，除去了神学和文学之间最后一层暧昧的关系，彻底把文艺拉出了神学的圈套。

诗歌是人的创造，诗歌之美在于题材，更在于诗人通过艰苦的劳动和思考，所创造出的技巧。而诗歌的目的又在于娱乐大众，给人们带来审美快感，而非什么寓言式的"微言大义"。卡斯特尔维特罗虽然是在阐释古希腊的诗学，但却用自己的美学思想很好地阐释了文艺复兴的时代精神——诗歌之美，既来源于人，又服务于人。

1

1 达·芬奇，《马匹研究》约1490，纸面素描，205厘米×187厘米，温莎皇家图书馆

Ytala pclaros tellus alis alma poetas/
Sz tibi grecoz dedit hic attingere metas.
Servius altiloquui retegens archana maronis.
Ut pateant ducibz pastoribz atqz colonis.

上帝造人，人造艺术——文艺复兴时期的美学在文艺实践中的表现

文艺复兴的文学艺术成就是巨大的，在很多艺术领域，文艺复兴时期都成为这门艺术近代化的开端，不仅是具体的艺术作品，在艺术规则、方法和技巧方面也开了风气之先。所以，文艺实践中，其创新的意味要比复兴的意味更重。我们可以从文学史和艺术史的角度，对文艺复兴时期的主要成就作一个简要介绍，然后就可以从中看出其对这一时期美学的诠释和促进。

如前所讲，文艺复兴的故乡是地中海沿岸的佛罗伦萨，在意大利逐渐发展起来，在其强盛时期席卷了整个欧洲大陆乃至英国。文艺复兴发生的时代背景，是欧洲封建社会内部出现了资本主义经济的萌芽，城市工商业的繁荣及其政治上的相对独立或自治。在中世纪的最后阶段，西欧地区出现上述情况比较明显的有两处：南为意大利，特别是其中的佛罗伦萨；北为尼德兰，包括今荷兰及比利时。16 世纪，法国、英国和西班牙建立了全国统一的王权，城市经济也有发展，王权和市民阶级为反对封建割据有一定的联合，文艺复兴便传播到那里。用时间和空间这两个坐标来定位整个文艺复兴时期的文艺，我们大致可以作以下分期：在意大利（以佛罗伦萨为主要代表）可分为 3 期：初始期（14 世纪）、早期（15 世纪）和盛期（16 世纪）；在尼德兰则为 2 期：15 世纪和 16 世纪；而在法国、英国、德国、西班牙等国文艺复兴的主要艺术成就都出现在 16 世纪。

1.意大利文艺复兴时期的艺术成就

文艺复兴时期意大利的文学成就主要在但丁、薄伽丘和彼特拉克那里，他们是文艺复兴的先导，但他们不仅开了风气，而且起点很高，在文学成就上，意大利的文艺复兴即便到了 16 世纪，也没有出现能出其右的作品。但在美术上，情况则恰恰相反，从初始期到早期，再到盛期，艺术家不断涌现，其艺术成就和影响随着时间的推进在加强。

在文艺复兴的初始期，摆在人们面前的造型艺术样式有中世纪的哥特式、罗马后期的拜占庭式。而第一个带有古风的作品被认为是雕塑家皮萨诺（Nicola Pisano，约 1220—1278 或 1284）在 1260 年前后所做的比萨洗

1

1 西蒙·马丁尼，《维吉尔》一书的扉页
1340，羊皮纸彩绘，29.5 厘米×20厘米，米兰安布罗西安图书馆

礼堂讲经台。自皮萨诺以后，佛罗伦萨画派成为新美术最主要的流派，14世纪时产生了伟大艺术家乔托。乔托（Giotto di Bondone，1266 或 1276—1337）生于意大利佛罗伦萨，幼年曾经做过牧羊童，但到 14 世纪，他已成为意大利的著名绘画大师，对意大利文艺复兴美术产生了极大影响。乔托在思想上受但丁的影响非常大，他非常景仰但丁，还特地画过一幅名为《但丁在天堂》的画。乔托还和薄伽丘过从甚密，是那种无话不谈的朋友。这些文艺复兴早期的人文主义者的思想毫无疑问影响到了乔托的艺术，使他的艺术具有鲜明的现实主义倾向。他的作品虽属宗教题材，却开始真实表现世俗生活情景，注重空间深远关系与人物的立体表现，杰出地体现了现实主义与人文主义相结合这个文艺复兴美术的基本特点。乔托可以说是文艺复兴造就的第一位艺术大师，在佛罗伦萨形成了人数众多的乔托画派，并一直延续到 15 世纪初。他在 14 世纪初创作的阿雷纳礼拜堂壁画是最能全面显示乔托艺术成就的作品。

从 15 世纪开始，意大利文艺复兴美术进入蓬勃发展阶段，佛罗伦萨仍然是最大的中心，但其他地区也出现了重要流派。15 世纪初，佛罗伦

1 | 2 | 3

1 达·芬奇，《抱貂的女人》
约1490，木板蛋彩和油画，54.8厘米×40.3厘米，波兰恰尔托雷斯基博物馆

2 皮萨诺，比萨洗礼堂讲经台
1260，大理石，高465厘米

3 乔托，《加纳的婚礼》
1304—1306，壁画，200厘米×185厘米，意大利斯克罗威尼礼拜堂

萨艺术首先从建筑和雕刻方面掀起高潮，建筑家布鲁内莱斯基（Filippo Brunelleschi，1377—1446）在乔托设计的图纸的基础上，实地考察古典遗迹，运用古典风格与柱式，完成了佛罗伦萨圣百花大教堂的圆顶，这使它像是一把撑开在佛罗伦萨城市上空的大伞，成为那个时代文明和艺术的象征。这个时期，技巧上的创新层出不穷：布鲁内莱斯基是文艺复兴时期透视画法的首倡者。和他一起赴罗马实地考察的雕刻家多纳太罗（Donatello，1386—1466）则竭力追慕古典艺术的写实手法，潜心研究人体实物，开始创作完美的裸体形象，他的青铜雕塑《大卫》在艺术史上是和米开朗琪罗的大理石雕像《大卫》齐名的杰作。另一位佛罗伦萨雕刻家吉贝尔蒂（Lorenzo Ghiberti，1378—1455）穷毕生之力制作了佛罗伦萨洗礼堂的两座青铜门，技艺精美绝伦。其中一座被誉为“天堂之门”，并在浮雕艺术中首次使用透视。佛罗伦萨画家马萨乔将上述诸人成果用之于绘画，第一次以科学手法构图着色，人物形象坚实雄伟，富于人文主义精神。他们都从不同角度发扬了现实主义与人文主义相结合的传统，风格雄伟秀丽各有所重，呈现百花齐放、美不胜收的局面，注重空间透视表现和人物坚实造型，以及善用线条则是他们作为佛罗伦萨画派代表人物共有的特色。

意大利文艺复兴早期另一位重要的艺术家是波提切利（Sandro Botticelli，1445—1510），其名字原意为“小桶”，并不是画家的真实姓名，而是当时的人们给他取的绰号和昵称，可见波提切利的作品深得佛罗伦萨市民的喜爱。该城最大的银行家和政治统治者美第奇家族对他的作品十分青睐，不断向他定购作品。他一生创作了许多以古典神话为题材的作品，其中《春》和《维纳斯的诞生》是最能体现他个人风格的传世名作。在《维纳斯的诞生》中，他表现了某种在当时特别流行的半宗教、半幻想的希腊神话世界。这张画取材于古代神话，维纳斯从海中诞生了，她站在贝壳之中，被风神吹送而来。海洋女神把美丽的披风送给裸体的爱神。从题材上，这是像希腊古典主义的回归，但在表现手法上，维纳斯的形象非常写实，就像是一个现实生活中出浴的美丽少女，充满了人性的光辉。

与佛罗伦萨邻近的地区还形成了另外的画派：锡耶纳画派和翁布里亚画派。锡耶纳画派 14 世纪最为繁盛，其创始者杜乔·迪博宁塞纳（Duccio di Buoninsegna，1255—1318 或 1319）取得了可和乔托相比的名声，只是

在写实方面略为保守，15 世纪的代表则有萨塞塔（Sassetta，1392 或 1394—1450 或 1451）等。翁布里亚画派的主要代表是拉斐尔（Raffaello Sanzio，1483—1520）的老师佩鲁吉诺（Pietro Perugino，约 1446 或 1450—1523），风格静雅秀美。意大利北部 15 世纪也开展了新美术运动。早期的大师是彼桑奈罗，他擅长写生，风格优雅，并善于雕刻徽章。后期大师则是曼泰尼亚（Andrea Mantegna，约 1431—1506），他精于透视，并以钻研古典文物著名。经他们带动，加以佛罗伦萨的影响，北部也出现了两个画派：费拉拉画派和威尼斯画派。费拉拉画派主要代表有 C. 图拉和 F. 科萨，因他们服务于费拉拉公爵宫廷而得名，其风格以装饰性强而著称。威尼斯画派，15 世纪的代表是贝利尼父子三人。威尼斯画派虽属晚起，但在乔凡尼·贝利尼（Giovanni Bellini，1427—1516）的努力下，威尼斯画派到 15 世纪末已充分发展了善用色彩的特点，并在意大利各画派中首先掌握油画技法，已有超越各个地方流派而与佛罗伦萨争雄的实力与气势。

意大利美术在 16 世纪达到了繁荣的顶点。在此以前，15 世纪的文艺复

1 2

1 多纳太罗，《大卫》
1430，铜，高 158 厘米，佛罗伦萨巴杰罗国家美术馆

2 吉贝尔蒂，《天堂之门》
1425—1452，铜及金箔，599 厘米 × 462 厘米，佛罗伦萨洗礼堂

兴美术在题材上已经开始表现现实和世俗的人物，在技巧上已基本完成了掌握现实主义表现方法的任务，透视法则与人体结构的科学知识已相当丰富，在此基础上，16 世纪的艺术家们可以全力专注于艺术典型的创造。而且，社会环境也给他们提供了契机。在 16 世纪，时代环境日益动荡不安，意大利经济停滞，城市共和政治难以维持，加之外国武力入侵频繁，面对危机四伏的现实，艺术家思想上不免矛盾重重，而伟大的艺术创作要求作者对现实中的逆流展开顽强的斗争。所谓“国家不幸诗人幸”，正是这个道理。

在盛期文艺复兴美术中成果最丰富的流派之一是威尼斯画派。它在 16 世纪先后出现了乔尔乔涅（Giorgione，1477—1510）、提香（Tiziano Vecellio，1490—1576）、丁托列托（Tintoretto，1518—1594）和韦罗内塞（Paolo Veronese，1528—1588）四大家，尤以提香长达 70 年的创作活动，为威尼斯画派赢得了雄视全欧的声誉，他的《神圣与世俗之爱》，将象征着世俗感情和宗教感情的两位女子同时置于风景画的背景之中，达到了圣俗

1 2

1 波提切利，《维纳斯的诞生》
1483—1485，木板蛋彩画，278.5厘米×172.5厘米，佛罗伦萨乌菲兹美术馆

2 提香，《圣母升天》
1516—1518，布面油画，690厘米×360厘米，威尼斯圣方济会荣耀圣母教堂

的统一，自然之美和人世之爱的统一。这样一种双重的统一，表现了艺术家心中的那种人文主义者的理想境界。

当然，盛期意大利文艺复兴美术的最高成就还在三位代表人物——达·芬奇、米开朗琪罗和拉斐尔那里。前两位都是佛罗伦萨艺术家，拉斐尔虽师从安布里亚画派，也主要在佛罗伦萨完成学业，形成自己的艺术风格。但他们三人的活动都不限于佛罗伦萨，米开朗琪罗和拉斐尔主要活动于罗马，达·芬奇则前期在米兰，后期远走法国。除了绘画外，他们三人都曾从事于建筑设计构思和实践，达·芬奇景慕中心型的圆顶厅堂结构，拉斐尔崇尚严谨和谐的古典风格，米开朗琪罗晚年主持圣彼得大教堂的建筑工程时设计的大教堂圆顶，更成为日后欧美各国所有圆顶建筑的样板。他们的艺术也在更广泛的范围内代表了意大利文艺复兴的最高成就。

达·芬奇的特点是熔艺术与科学于一炉，他既是大艺术家又是大科学家，艺术典型的加工与科学研究的深邃紧密结合，相得益彰，因此他的作品总是显得含蓄深刻、总是那么精确而又富于理智。他在体现人文主义思想和掌握现实主义手法上较之前人有了极大提高，他的《最后的晚餐》、《蒙娜丽莎》被誉为世界名画之首，这些我们在前面讲过，在此不赘。

拉斐尔则以秀美、典雅的风格著名。据说拉斐尔在 1520 年 4 月 6 日，

也就是耶稣受难日那天突然去世，这似乎象征了他和基督教之间的密切关系。事实上，他的作品涉及最多的题材是宗教行迹和宗教人物。其中最著名的是他的“圣母像”，一类如《椅中圣母》、《草地圣母》，把圣母还原为人间社会中的母亲，充满了人性的光辉。一类如《西斯廷圣母》，虽然是为梵蒂冈天主教西斯廷教堂画的壁画，但圣母形象依然朴实端庄，头上没有女神的光环，身上也没有华丽的服饰，怀抱耶稣的圣母眼中流露的既是神性智慧的光芒，又是人间母性的光辉。在宗教题材画中，拉斐尔寓崇高于平凡，把“神”用“人”表现出来，所以他的作品被后人誉为美和完善的化身，最充分地体现了人文主义的理想。拉斐尔和达·芬奇一样，还画了一些有关古希腊题材的绘画，达·芬奇画过柏拉图和亚里士多德的画像，而拉斐尔则画了表现古希腊学者生活的《雅典学园》，用他的想象和画笔，在艺术中复现了古希腊自由、充满人文气息的精神生活。

米开朗琪罗在风格上比之达·芬奇的理智，更富有激情；比之拉斐尔的秀美，更为雄健有力。我们去看他的《最后的审判》和《创世纪》，都是

1 | 2 3

1 提香，《圣神与世俗之爱》
1514，油画，118厘米×279厘米，罗马波各赛美术

2 拉斐尔，《草地圣母》
1505—1506，木板油画，113厘米×88.5厘米，维也纳艺术史博物馆

3 拉斐尔，《西斯廷圣母》
1513—1514，布面油画，265厘米×1965厘米，德累斯顿历代艺术画廊

人物众多、构图复杂、气势宏大之作。在这些作品中，他首创了把宗教人物画成裸体的风格。表现裸体人物，这是从古希腊艺术中一直延续下的世俗艺术的传统。你很难想象在中世纪艺术家可以把耶稣和圣徒画成裸体的，只有到了文艺复兴时期，当宗教的建筑需要艺术家来为其服务的时候，他们也要对艺术家的创新以及整个那个时代的人文主义气息，做出一定的妥协。米开朗琪罗的人体画在艺术上还有一个重要的贡献，就是为平面的人体画赋予了雕塑般的立体感，他的人体往往是扭动的和卷曲的，充满着张力，“画如雕塑”，这是把他的作品区别于“文艺复兴”另外“两杰”最直接的特点。

米开朗琪罗的性格与其作品的风格非常一致。他是一个充满激情、非常有毅力的人，在他身上，那个时代人性的光辉和弱点都显现了出来，虽然不完美但却很真实。据说米开朗琪罗的心胸不够开阔，对达·芬奇和拉斐尔等人因嫉妒而进行过言语攻击。他对达·芬奇的精确和理智不屑一顾，认为他画完一幅画后还用数学和几何的方法进行校对的做法是非常愚蠢的。有一次，有几位知名人士正坐在广场上谈论但丁的作品，有一位看见达·芬奇，就对大家说：“先生们，这位大师可以解决我们争论的问题。”恰巧此时不修边幅的米开朗琪罗朝广场走来。达·芬奇便笑容可掬地指着他对大家说：“米开朗琪罗来了，先生们，你们最好请他解释但丁的作品。”米开朗琪罗以为对方在讽刺自己，便冷言冷语地回答：“你自己去解释好了！”然后大声说：“你不是什么都能做吗？做了一个马的模型，却因没法铸成铜像又毁掉了吗？”说完掉头就走，快要走出广场的时候又回过头来挖苦地喊道：“米兰那群大腹便便的呆头鹅居然把这任务交给你！”

瑕不掩瑜，米开朗琪罗性格中坚毅的一面使得他显得伟大。他去画西斯廷教堂天井壁画，是出于教廷和政府的胁迫，而非自愿。但当他真的开始做的时候，却把内心中的悲愤化作了动力，他每天在脚手架上仰头作画，不让任何助手提供帮助，以至于完成后，年仅37岁的画家身体驼背、视力下降，在看书和信笺的时候，只能把它们放在头的上方，仰头去看。画完

1 2

1 米开朗琪罗，《创造亚当》
约1511，壁画，480厘米×230厘米，梵蒂冈西斯廷教堂

2 米开朗琪罗，《最后的审判》
1541，壁画，1370厘米×1220厘米，梵蒂冈西斯廷教堂

之后颇有文学才能的米开朗琪罗写下了这样的诗句：

我的胡子向着天，
我的头颅弯向着肩，
胸部像头枭。
画笔上滴下的颜色，
在我脸上形成美丽的图案。
腰缩向腹部的位置，
臀部变作秤星，
维持我全身重量的平衡。
我再也看不清楚了。
步履也突然间变得蹒跚。
我的皮肉，在前身拉长了，
在背后缩短了，
仿佛像一只叙利亚的弓。

让人读了之后，总会被一种崇高的东西打动。他还曾给这一时期的自己画过一幅自画像，正值壮年的米开朗琪罗看上去确实就如同他在诗歌中描述的那样——像是一个年过花甲的老人。可以说，正因为米开朗琪罗的不完美，才使得他的性格、他的艺术如此迷人。难怪19世纪法国大文学家罗曼·罗兰（Romain Rolland，1866—1944）会挑选米开朗琪罗而非另外两位，作为《巨人三传》的主人公之一，和歌德（Johann Wolfgang von Goethe，1749—1832）、贝多芬（Ludwig van Beethoven，1770—1827）并驾齐驱。

2. 欧洲其他地方的文艺复兴

尼德兰文艺复兴艺术的兴起是在14世纪末15世纪初，它接受了一些意大利的影响，但主要是从本地的后期哥特式艺术转变而来。最初的一批艺术家虽成长于尼德兰，却主要工作于法国。他们开始摆脱中世纪的程式而面向生活，人物逼真生动、雄强有力，并开始在画幅中注意空间的深远和实物写生。15世纪，尼德兰美术就产生了几位极有成就的现实主义大师，其中以扬·凡·爱克（Jan van Eyck，1390—1441）和博斯（Hieronymus Bosch，约1450—约1516）为代表。他们在掌握透视画法和人体结构方面虽不及意大利艺术家，但写实的精确细微却有过之而无不及。尼德兰艺术家在西方绘画史上的另一重大贡献是首先使用了油画技法，并把它传入意大利。

16世纪是尼德兰文艺复兴美术的第二个发展阶段，此时的特点是受意大利的影响增强，不少尼德兰画家着意模仿罗马画派和威尼斯画派的艺术，他们热衷于透视画法和人体特别是裸体表现，尼德兰美术固有的写实精神

1

1 博斯，《人间乐园》三联画之中屏
约1500，油画，220厘米×195厘米，马德里普拉多博物馆

却有所削弱，但这却在传播文艺复兴思想和人文主义方面起了巨大作用。与此同时，一些尼德兰画家仍续有新创，这其中最有成就的尼德兰艺术大师是勃鲁盖尔（Bruegel Pieter，约 1525—1569）。他虽有丰富的人文主义学识，却不机械地仿效意大利的古典风格，他善于描绘民间的特别是农民的生活情态，所以他也有“农夫”之称。他的《农民的婚礼》之中，一种朴实厚重的生活气息中，包含着对农民生活状态的人文关怀。从他的“农民画”中，我们依稀可以看到后来荷兰著名画家凡高（Vincent Willem van Gogh，1853—1890）的影子，凡高在他的自传中也谈到其民族艺术传统方面勃鲁盖尔对他的影响。勃鲁盖尔还善于把农民生活和自然风景结合起来，作画意境高远，幽默之中隐含讥讽。如《绞刑架下的舞蹈》，从空中鸟瞰角度展示林野风光，近景的舞蹈情节所含的诙谐与远景山水的幽静完美相反相成，富于诗意，也开创了西方风景画的美学风格。

法国文艺复兴在文学上最重要的人物是拉伯雷 (François Rabelais，约 1493—1553)，他的小说《巨人传》，用一种夸张的手法歌颂人的力量，嘲讽了宣传禁欲主义的教会和只会骄奢淫逸而无所作为贵族。小说中三位巨人的成长，象征了人用强健的体魄、用智慧和力量战胜愚昧和黑暗的力量。

也表现出作者内心那种渴望人能够在现实中全面发展的人文主义理想。在美术方面，法国在15世纪后期受意大利及尼德兰的影响，当时法国军队几度入侵意大利，并长期占领米兰等地，朝野上下皆和意大利接触密切，达·芬奇等艺术大师也被邀请去法国工作，从而促成了法国文艺复兴运动的发展。达·芬奇赴法已在晚年，他居留法国期间没有进行什么创作，但他的到来以及最后在法国去世就已有很大的象征意义。枫丹白露画派的出现，对法国美术影响巨大。与此同时，不少法国艺术大师也成长起来，在建筑方面有勒斯科（Pierre Lescot，约1510—1578），雕刻方面有古戎（Jean Goujon，约1510—1565）。作为法国文艺复兴美术的一个最重要纪念物卢浮宫（1546年动工），由勒斯科负责建筑，古戎负责雕刻，堪称珠联璧合。他俩的成果主要体现在卢浮宫方形庭院的西翼南侧楼房。其在法国传统形式

1 | 2

1 勃鲁盖尔，《农民的婚礼》
约1567，木板油画，114厘米×164厘米，维也纳艺术史博物馆

2 古戎，卢浮宫装饰
1550

上运用了古典柱式装饰，风格优美，不仅为日后卢浮宫的整个建筑定了基调，也为法国的古典风格建筑定了基调。

德国文艺复兴美术以产生了不少第一流的绘画大师而自豪。德国皇帝在文艺复兴时代仍旧是意大利名义上的君主，16 世纪且数次率军队进入意大利，两国在经济和文化上的联系也相当密切，许多德国艺术家以游学意大利作为主要的艺术学业。16 世纪也是德国尤其是南部一带城市工商业兴旺发达之时，市民阶级和农民群众都有强烈的反封建要求，终于促成了宗教改革运动和伟大的农民战争。这些社会背景都是产生杰出艺术大师的时代条件，使德国画坛顿时群星灿烂，蔚为壮观。他们中最著名的有丢勒（Albrecht Dürer，1471—1528）与荷尔拜因（Hans Holbein，约 1497—1543）。虽然他们的风格特色各有不同，却都以现实主义的成就显示了新美术的巨大进展。德国还是西方印刷术的摇篮和最大中心，这使它的艺术家也注意甚至集中主要精力进行版画创作，丢勒、荷尔拜因等都是西方版画史上最负盛名的大师。在建筑与雕刻方面，德国的艺术家侧重于使哥特式

传统和意大利风格互相融合，带有民族色彩。今天的科隆大教堂是最杰出的代表。

英国文艺复兴文学成就更高，那是因为莎士比亚（William Shakespeare，1564—1616）的存在。莎士比亚的悲剧和喜剧，在形式上开创了新的风格，在内容上则充满了对“人”的关注。李尔王在抱着小女儿尸体的时候说：“我发现了一个人。”哈姆雷特面对星空的时候问自己：“生存还是毁灭，这是一个问题。”这些著名的台词，就像是一个标签，把“人文主义者”贴在了莎士比亚的身上。在绘画方面，英国受德国艺术家荷尔拜因影响甚大，他作为欧洲最负盛名的肖像画家曾两次来英国工作直至去世，荷尔拜因精于写真的传神技艺和他的冷静洒脱的风格启发了英国一代画师，但不足之处在于，他们大多带有一种宫廷气息。

西班牙文艺复兴的主要成就，在文学上是塞万提斯的《堂吉诃德》。塞万提斯曾参加西班牙驻意大利的军队，在与土耳其作战时失去了左臂。1575年回国途中又被土耳其海盗劫去，在阿尔及利亚服苦役，1580年才由亲友赎回。他一生潦倒，多次下狱，生活之苦让他对当时的西班牙社会有了深刻的了解。因为有了这样的生活积淀，我们才能从其作品中，遍览西班牙的社会现实、风土人情，才能从欢笑中看见泪水。西班牙文艺复兴绘画的主要代表是格列柯（El Greco，1541—1614），他出生在希腊的克里特岛，后来去了威尼斯，师从威尼斯画派的众多画家，深得提香的赏识。他的作品不太符合文艺复兴绘画的主流风格——现实主义，而是带有浓厚的神秘主义倾向，他作品中的人物形象往往是变形的，场景也往往充满象征和隐喻，并不是直接地表现现实。其绘画《拉奥孔》和古希腊的同名雕塑比起来，前者很明显是非现实的。格列柯是文艺复兴时期一个另类的艺术家，但其作品带有了超越于他那个时代的美学风格，以至于20世纪的现代主义、后现代主义艺术家们，往往对他赞不绝口。

3.艺术的美学风格

综上所述，现实主义方法和人文主义思想，在创作实践上的密切结合，这可以说是文艺复兴时期文艺的最大特征。这从总体上决定了文艺的美学风格。

1 科隆大教堂
始建于13世纪，德国

2 科隆大教堂窗饰

文艺复兴虽以学习古典为特点，却绝非单纯地复古，实质上是通过学习古典的途径创造新文化。希腊、罗马的古典艺术由于中世纪的长期破坏，已经相当残缺，虽极力恢复，所得仍属有限。然而文艺复兴时代的人们学习古典，并不是简单仿效，而是取其精神。古典艺术的具体形式固然予人以启发，但更重要的是从中领悟到现实主义的方法和古典社会的民主思想，特别是人文主义思想。中世纪被教会控制的美术基本上是非现实主义的，宗教神学笼罩一切；反封建的文艺复兴新美术主要以贯彻现实主义和体现反对宗教禁欲主义的人文主义思想为宗旨，而古典美术也正是在这两方面成了新美术的良师益友。因此，文艺复兴美术之学习古典不同于其他时代的复古、仿古倾向；也不同于中世纪美术中偶尔可见的习用古典形式的个别现象。与此相关的是，从具有现实主义这个本质特征看，早期文艺复兴美术（如尼德兰），虽然在学习古典这方面不是特别明显，但因为创造了现实主义的绘画风格，却同样应被认为是新美术的一个杰出代表。

人文主义强调人性崇高与身心的全面完美，重视世俗的现实生活，反对神学权威和封建特权。新美术创作的真实完美的人物形象和生动丰富的现实情景，最能体现这种思想，并产生了最为广泛和强烈的反响。加以在

当时的具体条件下，新美术创作是较易为广大群众和新兴资产阶级接受的文化形态，因此美术变成文艺复兴文化最受欢迎的代表，成果也最为丰富。文艺复兴美术作为西方近代美术的源头，它的基本风格和表现技法构成了西方近代美术的主要传统，影响极其深远：在造型艺术方面，它以写实传真为首务，开创了基于科学理论和实际考察的表现技法，如人体解剖和透视法则等，从而使它得以达到古典艺术之后一个新的高峰，在风格和技法上它和东方艺术以及一切近代之前的艺术有本质区别。在建筑艺术方面，它以恢复古典建筑传统为首任，同时着重探讨建筑美感的理性法则，从而奠定了西方近代建筑延续数百年的典范。文学在当时的社会影响虽不及美术，但同样产生了但丁、莎士比亚、塞万提斯、拉伯雷这样的巨匠，而且欧洲主要民族近代文学的奠基之作，都是产生在文艺复兴时期，从美学风格上讲，文学和艺术是一致的。

1 | 2

1 格列柯，《拉奥孔》
1610，布面油画，142厘米×193厘米，华盛顿国家美术馆

2 威廉·布莱克，《精灵之舞》
约1786，水彩画，47.5厘米×67.5厘米，伦敦泰特美术馆

第三章

新的成规，新的启蒙——从新古典主义到启蒙运动

文

文艺复兴灿烂的文化艺术成果，是在恢复“古典”的前提下产生的，它是在创新。但当“古典”的美学风格被教条化的时候，它就是守旧了。17世纪欧洲，特别是法国君主集权发展到了顶峰，和政治相一致，文化和美学上也在强调规则和秩序。这是一把双刃剑，没有规矩难成方圆，这是积极的方面。但当死的规则限制了活的文艺，情况就转向消极的另一面了。18世纪欧洲启蒙主义的兴起，用人权反对君权，用平等、自由的现代民主观念启发民众的思想。这使得美学和文艺重新在一种自由的环境中发展，取得了新的成就。从新古典主义到启蒙运动时期的美学，就是成规和创新的又一次角力；就像中世纪和文艺复兴的关系一样。

>>>

没有规矩，难成方圆；突破成规，别有洞天

“文艺复兴后遗症”

16 世纪末 17 世纪初，文艺复兴开始退潮。在意大利，天主教会在 16 世纪频繁的战乱和路德宗教改革的压力之后，竟然重新取得了胜利，这有点出乎人们的意料。天主教会开始在罗马，通过大肆重建和新建华丽精美的教堂来重新确立自己的信心和地位。今天的罗马圣彼得大教堂就是这种背景下的产物。文艺复兴中主要的美学风格是现实主义和人文主义，但其原本也有着为宗教服务的因子，这时候，当教会取得了胜利，文艺为教会服务的那一面就更加明显地表现出来了，文艺复兴所积累的在艺术技巧上

1 罗马圣彼得大教堂

的成果，一旦为宗教利用，就走向了反现实、重装饰的极端了。由此“巴洛克”艺术产生了——文艺复兴起源于佛罗伦萨，而巴洛克则开始于罗马。

文艺复兴的成就被用在了和文艺复兴精神相悖的地方，我们不妨把这种情况称为“文艺复兴后遗症”，当然，这不是一个完全贬义的说法，因为即便抛开了现实主义和人文主义的精神，在对技巧的追逐中，也完全有可能把文艺复兴在艺术形式方面的成就推向一个更高的层次，这也是有意义的。巴洛克艺术就是“文艺复兴后遗症”最主要的表征。

“巴洛克”这一名称的由来，说法不一，有的说来自葡萄牙或西班牙语，意思是不圆的珠子；也有说它来自意大利语，有“奇特”、“古怪”的意思。总的来说这个名称在当时含有贬义，是18世纪古典主义艺术理论家对于上一个世纪一种艺术风格的称呼。古典主义者认为巴洛克是一种堕落瓦解的艺术，只是到了后来，才对巴洛克艺术有了一个较为公正的评价。巴洛克艺术产生于16世纪下半期，它的盛期是17世纪，进入18世纪，除北欧和中欧地区外，它逐渐衰落。可以说，巴洛克艺术虽不是宗教发明的，但它是为教会服务，被宗教利用的，教会是它最强有力的支柱。

概括地讲巴洛克艺术有如下一些特点：一是它有豪华的特色。它既有宗教的特色又有享乐主义的色彩，充满了装饰性；二是它是一种激情的艺术。它打破了古典主义习惯的理性的宁静和谐，具有浓郁的浪漫主义色彩，非常强调艺术家的丰富想象力，后来的浪漫主义美学风格从这里就开始萌芽了；三是它极力强调运动。运动与变化可以说是巴洛克艺术的灵魂，其造型艺术中比比皆是的螺旋和曲线，就是为了表现运动和变化的最明显的符号；四是巴洛克艺术强调艺术形式的综合、艺术技巧的相互借用，例如在建筑上重视建筑与雕刻、绘画的综合，强调艺术的空间感和立体感。而且，巴洛克艺术也吸收了文学、戏剧、音乐等领域里的一些因素和想象；五是它有着浓重的宗教色彩。宗教题材在巴洛克艺术中占有主导地位；六是大多数巴洛克的艺术家有远离生活和时代的倾向。他们不再把如实地反映现实和生活看作是必须遵守的准则。比如在一些教堂的天顶画中，人的形象都变得没有“人形”了，如同是一些花纹，但就是这样的变形，才达到了更好的装饰效果。

从巴洛克艺术的特点中，我们大致可以看出那个时代文艺整体上的美学风格。从积极的一面说，巴洛克艺术家们进一步完善了文艺复兴的成就，在

透视、明暗和色彩技巧上精益求精，创造出了更为复杂、更为惊人的视觉效果。荷兰画家鲁本斯（Peter Paul Rubens，1577—1640）是这一方面的杰出代表，他著名的《劫夺柳西帕斯的女儿》、《三美神》，在绘画中通过人体的扭动形态、鲜艳的色彩，创造前所未有的动感美和世俗享乐气息。而且，艺术家所享有的艺术创造的自由看上去是充分的。从消极的一面说，艺术缺失了思想性和现实底蕴。而且，过度的自由和放任，也导致了鱼龙混杂，很多的艺术家反而在迎合世俗的需要，在技巧上也失去了创新的动力。在17世纪，不论是在法国还是在意大利，天主教会和世俗贵族对艺术的赞助热情比文艺复兴时期有过之而无不及，这使得艺术在按照这些赞助者的喜好在发展——贵族阶层和中产阶级喜爱精雕细作的风格。这抑制了艺术的个性和独创性，使之趋向于一种消费性的“时尚”，在大量的二三流的巴洛克画家那里，人们分不清他们彼此之间的差别。

1

1 鲁本斯，《劫夺柳西帕斯的女儿》
约1617，布面油画，
224厘米×211厘米，
慕尼黑老绘画陈列馆

50.

和巴洛克艺术重技巧和装饰、带有明显享乐主义色彩的美学特征类似，在18世纪初还形成“洛可可”艺术，它也可以说是“文艺复兴后遗症”的一种表现，只不过地点在法国而非意大利，时间上并不像巴洛克那样直接跟在文艺复兴之后，而是17、18世纪新古典主义大势中的一次小小的逆潮。“洛可可”主要是指路易十五时代的室内装饰艺术。其绘画风格轻快华丽，大多描写轻浮快乐的贵族生活；雕塑也多为室内装饰用的小作品。与巴洛克艺术的差别在于，它更为小巧、精致、甜美。如果说巴洛克是奉献给宗教和王权的话，那么洛可可则致力于个人快乐的寻求，是更加彻底地世俗化了。不过两者之间更多的是一脉相承，巴洛克具有的缺点，洛可可同样具有——形式和技巧化，缺乏现实和思想的深度。

当然，这只是就文艺复兴之后的一般情况而言，在巴洛克艺术流行、洛可可风格短暂存在的时代，那些最杰出的代表者，如卡拉瓦乔（Michelangelo Merisi da Caravaggio，1571—1610）、伦勃朗（Rembrandt Harmenszoon van Rijn，1606—1669）、委拉斯凯兹（Velazquez，1599—1660）

1 | 2

1 鲁本斯，《三美神》
1639，木板油画，221厘米×181厘米，马德里普拉多博物馆

2 伦勃朗，《夜巡》
1642，布面油画，379.5厘米×453.5厘米，阿姆斯特丹国家博物馆

等，仍然可以在追求艺术技巧的同时，保持和现实的联系，保持作品的思想性。这使得他们已经跳脱出狭义的“巴洛克艺术”的范围，成了文艺复兴现实主义风格的进一步发展了。在卡拉瓦乔的《以马忤斯的晚餐》、《马太的神召》、伦勃朗的《基督在以马忤斯》中，宗教题材进一步被世俗化，基督或使徒身边的人物不再是文艺复兴时期的神圣人物，而是渔夫、侍女一类的普通人了；他们所处的背景环境也不再是虚幻的云彩之上，而是现实的室内了。光线从窗外射进来，把作品中主要的人物照亮，和周围环境形成明暗对比，这样的技巧更增加了现实感。他们的宗教题材的作品都是这样，那为数更多的现实题材的作品就更不必说了。

总体上，因为“文艺复兴后遗症”的存在，使得17世纪的美学风格沿着“为装饰而装饰”、“为技巧而技巧”的歧路走得过远。物极必反，美学风格的纠偏，新古典主义的随之而来，也就是符合规律的事情了。

“矫枉过正”或“墨守成规”——法国新古典主义的美学信条

新古典主义的出现，一方面是因为美学自身发展的规律，在“文艺复兴后遗症”之后，需要爆发之后的重新收敛，需要用规则来纠偏。另一方面是当时法国君主专制的社会政治制度在思想和文化上的表现。从15世纪中叶取得英法百年战争之后到17世纪，法国的君主专制的集权制度已经发展到了极致，加上在路易十三、路易十四在位时期，历史上有名的两个宰相黎塞留（Armand Jean du Plessis de Richelieu，1585—1642）、玛扎里尼相继辅佐，法国成了全欧洲最强盛的国家。政治上的中央集权，导致了在思想上对于规则和权威的需求和认可。有一个很明显的例子。今天的“法兰西学院”非常有名，由法国各个领域最著名的学者和艺术家组成，每一个领域只有一个院士名额，而且采取“终身制”。这样的机构和制度，其实就是来源于17世纪的法国，最早的“法兰西学院”是路易十四时期，由贵妇人主持的文艺沙龙官方化之后形成的，由四十名院士组成，号称“四十不朽者”。他们通过讨论、投票来解决思想、文化、艺术方面的问题，他们的决议具有法律效力，一般的学者、艺术家都要遵守。可以说，“法兰西学院”就是文化艺术上的中央集权的产物和象征。

政治上的中央集权、文化政策上有意识地树立权威、美学上对理性和规则的推崇，可以说是一个事物在不同方面的表现，其内在精神是一致的。新古典主义美学积极的一面和它消极的一面同样明显，如何来理解这一点，我们可以从哲学、美学、文艺三个层面上来看，而在这三个层面上，新古典主义的代表人物分别是：笛卡儿、布瓦洛（Nicolas Boileau-Despréaux，1636—1711）和高

1 | 2 | 3

1 卡拉瓦乔，《以马忤斯的晚餐》
1601，布面油画，141厘米×196.2厘米，英国国家美术馆

2 菲力普·德·尚帕涅，《红衣主教黎塞留》
1633—1640，布面油画，260厘米×178厘米，英国国家美术馆

3 弗兰斯·哈尔斯，《笛卡尔肖像》
约1649，布面油画，77.5厘米×68.5厘米，巴黎卢浮宫博物馆

乃依（Pierre Corneille，1606—1684）。

从西方哲学发展历史上说，笛卡儿1637年的《论方法》是一部划时代的著作。其理性主义思想，影响了包括新古典主义美学，以及后来的启蒙主义美学、现实主义、德国古典美学等在内的众多近代思想。所谓理性主义，简单地说，就是把人的理性看作是获得和检验真理的标准。笛卡儿承认理性和感性、精神世界和物质世界的并存，是二元论而非一元论，但是他说“我思，故我在”，那意思是想通过思维来证实真理和存在。思维是理性活动，那么一切都应该凭着理性去进行判断，不能随随便便地凭着信仰了事。很显然，用人的理性去取代神的启示，这改变了中世纪以及文艺复兴落潮之后对教会权威的信仰，改变了神学烦琐的思辨方法，使得人们去追求一种明晰的、带有确定性的思维方式，去根据规则思维和行动。这是积极的一面。不过，他所说的理性，实际上是先天的、先于人的经验存在的，和现实的经验和实践没有什么关系，再加上对人的感性认识的轻视，所以理性主义又会陷入一种抽象和教条的境地。到底人所凭借的理性是什么呢？没有了现实的经验基础，理性判断要么根据主观的是非善恶美丑的标准，要么还是在终极给神留下一个位置。

在理性主义基础上，布瓦洛把他的《诗艺》着力打造成新古典主义美学的法典。布瓦洛的《诗艺》在形式上因袭了贺拉斯的《诗艺》，是一种诗歌体。精练的表达方式，明确的观点，加上不容置疑的语气，使得它的很多内容真的有点法律条文的味道。《诗艺》开篇就说：

> 要爱理性，让你的一切文章
> 永远只从理性获得价值和光芒。

“理性”表现在美学上是什么样的呢？首先，在新古典主义者看来，理性是人所共有的，那么符合理性的事物必然带有普遍性和永恒性。美是符合理性的，所以它必定也是普遍和永恒的，“美”其实就等于真理。进而新古典主义美学有了第一个信条：美是普遍永恒的，反映美的文艺是具有普遍永恒的绝对标准的，那就是是否符合理性，是否反映了普遍永恒的人性或者是自然。那些符合这样标准的，也就是得到历史上一致赞赏的作品，反之，得到历史上一致赞扬的作品，一定符合这样的标准，一定是美的。

和这第一个信条相关，新古典主义美学要求文艺不能去表现那些个别的、偶然的东西，而是要按照事物本身的规律和它本来的样子去表现，比如戏剧表现人物，就要把人物的共性表现出来，要创造典型。表现事物，就要按照亚里士多德所说的可然率和必然律，符合人的常情常理。那些怪诞离奇、不能使人相信的事物，不应该出现在文艺作品中。而且，美因为要符合常情常理，必然会导向一种道德上的目的，也就是说，美必须符合道德准则，“美”就是“善”。

新古典主义的第二个信条，是第一个信条的衍生：既然得到古往今来一直赞扬的东西是美的，而古希腊罗马的古典主义符合这个标准，那它们的经验和成就应该得到遵循。文艺复兴是在复古，但人文主义者对现实的关注，他们的独立思考的人文主义精神，使得他们的复古不死板。法国新古典主义也是复古，但不假思索地复古，就有点墨守成规的意思了。最后，新古典主义者把“古典”绝对化了，“古典”就是“美”、就是“真”、就是“自然”。

和这第二个信条相关，新古典主义者往往对古希腊罗马的文艺成就照抄照搬，殊不知即便是亚里士多德的悲剧理论，在一些方面也不过是对希腊戏剧实践的总结，离开了希腊的环境，有些东西也不是正确的了，更何况戏剧艺术本身也是在发展的。这其中，布瓦洛最著名或者说最臭名昭著的理论教条就是所谓的“戏剧三一律”。在《诗艺》里，“三一律”是这样表述的：

> 剧情发生的地点也要固定、标明，
> 比利牛斯山那边的诗匠把许多年
> 缩成一日，摆在台上去表演，
> 一个主角出场时还是个顽童，
> 到收场时已经成了白发的老翁。
> 但是理性使我们服从它的规则，
> 我们就要求按艺术去安排情节，
> 要求舞台上的表演自始至终，
> 只有一件事在一地一日里完成。

“一件事在一地一日里完成”，就是所谓的“情节一致、时间一致、地点一致”的“三一律”。“情节一致”要求戏剧所反映的事件不能有枝蔓和分叉，要有明确单一的线索和主题；“时间一致”要求戏剧模仿某一天之内发生的事情，至于事情的上下文，要通过这一天之内的事情来暗示，而不能去直接表现；“地点一致”是要求戏剧模仿的事件必须是在同一个地方发生，不能有空间的转换。

我们可能会想，为什么会产生这样死板的规则呢？这是因为，这些规则并不是法国新古典主义戏剧的经验总结，而是古希腊的经验总结。在《诗学》里，亚里士多德就指出戏剧是模仿“人的行动和行动中的人”，单一的行动有利于戏剧去逼真地模仿，让表演者和观众能够把注意力自始至终地集中在同一件事情上。当时希腊上演戏剧的情况大多不是在剧场，而是在一些露天的公共场所，没有什么背景和幕布之类的东西，因而，通过虚拟的方式转变场景和空间是不可能的，所以要使戏剧逼真，就得在戏剧中表现发生在同一个地方的事件。同样的道理，从太阳升起之后到太阳落下之前的时间，是戏剧可以上演的时间，在这段时间里，戏剧必须演完，而戏剧要模仿现实，那戏剧中表现的事件在戏剧里也必须在这段时间里完成。可见，这些规则的产生原本是有其现实原因的，甚至是受到现实条件制约的，并非什么一成不变的真理。其实，这样的规则从古希腊开始，就表现出它的局限了，在古希腊乃至后来的戏剧中，往往会出现一种被称为“报信人”的角色，这些角色没有什么别的作用，唯一的用处就是跑到舞台上，把别的地方的事情告诉这个地方的人，或者是把别的时间发生的事告诉此时此刻的人。通过“报信人”的设置，剧作家们可以把别的时间、空间的事情，与此时此地联系起来，扩大戏剧的容量又不会给戏剧演出带来什么现实的困难。从一定程度上说，类似设置“报信人”这样的戏剧技巧，与其说是艺术家们的主动创新，还不如说是受到现实制约的无奈之举。当历史条件变化了，限制戏剧的现实制约可以被克服了，那为什么还要死守这样的教条呢？不因为别的，而是由上述新古典主义的美学信条所致。

新古典主义戏剧的代表人物是三大戏剧家：高乃依、拉辛（Jean Racine，1639—1699）和莫里哀（Molière，1622—1673）。前两者创作悲剧，后者创作喜剧。这其中高乃依不仅创作，还提出戏剧理论。他的戏剧《熙德》问世的那年，恰巧也就是笛卡儿的《论方法》发表的那年。但有意思的是，即便是这样一个新古典主义的戏剧家的作品，也受到了“法兰西学院”的批判，罪名是其没有严格地遵守“三一律”。

高乃依晚年，在快要结束他五十年舞台工作的时候，带有总结意味地写了三篇重要的戏剧论文：《论悲剧》、《论“三一律”》、《论剧体诗的效用以及其各个部分》。在他的戏剧理论中，高乃依力图“使古老的规则适应近代意趣”。他认为不管是亚里士多德，还是贺拉斯，都是伟大的学者，但都缺乏戏剧经验，所以他们有时没法真正地把自己的意思说明白。高乃依从自己丰富的戏剧经验出发，对古典美学原则，在遵守的前提下，力图做出一些和时代更相关的解释，也为自己的一些戏剧实践正名。

在一些地方，他提出了一些新的见解，比如，他认为亚里士多德所说的悲剧给人“怜悯与恐惧”的心理感受，完全有可能不同时出现，完全有

1

1《熙德雕像》
美国旧金山

可能只有恐惧而无怜悯，或者相反。亚里士多德认为“好人犯错或者是性格有缺陷”是悲剧的题材，而高乃依认为，一个彻头彻尾的好人，甚至是一个彻头彻尾的坏人都可以成为悲剧的题材，因为好人只带来怜悯，坏人只带来恐惧，既然“怜悯和恐惧”并不一定要同时出现在人们对悲剧的心理感受中，那好人和坏人都能成为悲剧的题材，他认为这扩大了悲剧的范围，这其实也是当时戏剧发展的一个趋势。

在一些地方，他又显得墨守成规。比如，在《论“三一律”》中，高乃依认为，戏剧中“以一天为限”的时间统一律是正确的，因为他相信，戏剧是对自然的模仿，模仿得越相似就越完美，把现实世界里的时间和戏剧的时间等同，就是这一信条的体现。在《熙德》一剧中，为了遵从时间统一律，让故事在一昼夜之间完成，高乃依让主人公在晚上打完了仗，夜里又要对付来偷袭的敌人，第二天早上还要与对手决斗，疲劳的程度是正

常人在现实中没法承受的。这反而让戏剧变得不自然了。这样的规则，从某种程度上限制了戏剧中情节的丰富性和复杂性。高乃依在这里把戏剧模仿自然，理解得太机械、太狭隘了。

高乃依主观上是要去遵守新古典主义的戏剧法则的，但在创作中，如果从艺术本身而非教条出发，艺术自身鲜活的规律就会不由自主地逃脱出教条的限制，所以他的作品会被“法兰西学院”认为不符规则。从新古典主义戏剧家高乃依的身上，我们能看出：规则是死的，而艺术本身是活的。规则的创新，实际上是艺术创新的体现，反过来，规则本身如果教条化了，又会成为艺术自由的羁绊。

理性和经验，哪一个更美？

在美的问题上，新古典主义只是抓住了绳子的一端：理性。在另一端，主要是一批来自英国的理论家，他们从“经验”出发，去讨论美。欧洲大陆的理性主义和海岛英国的经验主义，就像是在同一条绳子两端的两只手

1 | 2

1 雅克-路易·大卫，《安德洛玛刻悲悼死去的赫克托耳》
1783，油画，275厘米×203厘米，巴黎卢浮宫博物馆

2 《培根肖像》
1731，油画，伦敦国家肖像画廊

一样，向两个方向使劲，在整个17、18世纪，这两种思想一直处在角力的状态，后来法国、德国的启蒙主义思想以及德国的古典主义美学，在很大程度上说，都在利用这两者的成果，或者是试图在这两者之间找到一个平衡点。

从经验和理性出发去看待美，会有什么样的差别呢？我们先看看经验主义的美学观点，再来回答这个问题。

英国经验主义的美学奠基人，是弗朗西斯·培根（Francis Bacon，1909—1992）。他在经验主义思想史中的地位，和笛卡儿在理性主义中的地位相似。培根是和莎士比亚同时代的人，他的哥哥是当时伊丽莎白女王的首相，这使他的家族显赫一时，但使“培根”这个姓氏在西方文明中显赫更久的，却是他自己。

我们都知道培根有“知识就是力量”这样的名言，很励志，适用的范围很广，但实际上，这只是一句话的上半句，培根下半句说的是“要借服从自然去征服自然”。服从自然是“知识”的来源，征服自然是“知识”的目的。把这一句话连起来说，我们就能看到它是有着具体所指的，这涉及培根思想中最为根本的一个观点：他认为认识知识和利用知识进行实践之间是密切相关的，也就是说，认识要根据实践，认识又是为了实践。可见，实践或者说经验，是知识或者说真理的出发点和归宿，而经验主要是指通过人们的感官获得的“感性经验”。在经验如何转变成知识的问题上，他认为应该采用“归纳法”，也就是说注重观察和实验，然后把个别经验上升到一般原则。这和西方由来已久的亚里士多德传统完全是两个思路，亚里士多德传统重思辨，是用“演绎法”，用“三段论”式的形式逻辑，跳过实践，从一个概念推导出另一个概念。培根曾经作过一个很形象的比喻：他说真正的哲学家不能像蜘蛛，只会从自己的肚子中吐出丝来织网；而应该像蜜蜂，从外界的各种花蕊中获取花粉和甜汁，然后通过自己的消化能力，把它转化成蜜。

当然，亚里士多德传统有它的意义，我们不能因为培根这么说了，就否定它。其实，培根的思想是文艺复兴时期自然科学发展的产物，其原来反对的对象是中世纪的经院哲学，它和古希腊思想同样属于我们前面说过的人文主义思想的一部分。后来的人力图去找到两者的结合点，也说明它们各自都有自己的合理性。所以，关键看各自是否符合它自己的“度”，过

度强调经验，不讲求理性，会成为一种机械反映论者，把人看作是感觉的动物。讲求理性思辨过度，就会成为飘在现实上空的玄学了。

回到美学和文艺上来。英国经验主义美学整体上说，在按照两个方向发展。一类如培根、洛克（John Locke，1632—1704）、霍布斯（Thomas Hobbes，1588—1679）等人，喜欢用科学的方法，从现实的经验入手来研究美。什么样的科学方法能够用来研究美呢？几何学、色彩学、物理学这些早就不是什么新鲜的东西，古希腊、文艺复兴时期的人们就已经做过了，他们找到了一门比较有现代意味、也跟人们在现实生活中的审美经验关系更紧密的科学——心理学。在他们那里，审美心理成为美学最重要的内容。他们相信人类的思想和审美都是起源于感觉，而且感觉是可靠的，人们通过联想和想象，可以把感觉自由地综合起来，形成一种连贯性的心理感受，这就可以形成美。这是所谓的“观念联想律”。在另一个方向，英国经验主义美学也认为感觉经验是第一位的，但他们更悲观，认为客观事物是不可靠的，事物与事物之间看似存在的因果关系，实际上只是出于人们自己在观念联想上的一致性而已，人们没法通过经验认识真理，通过理性当然是更不行了，那么，世界就变成不可知的了，进而在人类的一切思想行为中，只有怀疑才是真实可靠的了。休谟是这一类思想的代表。下面我们就对他们具体的美学观念作一个简单的梳理。

培根认为诗歌是想象和虚构的艺术，艺术就是要对自然理想化，这样

| 1 | 2 |

1 戈弗雷·内勒爵士，《洛克肖像》
1679，布面油画，76厘米×64厘米，伦敦国家肖像画廊

2 约翰·迈克尔·莱特，《霍布斯肖像》
17世纪，油画，伦敦国家肖像画廊

才能够提高人的道德和心灵，从而具有娱乐和教育的双重功能。他反对那种用外在规则限制艺术创作的做法，甚至对古已有之的对称美和比例美的做法都提出质疑，在《论美》这篇短文里他说：“凡是高度的美没有不在比例上显得有些奇怪。”创造高度的美不能死守规则，而是要仰仗于创作者的灵心妙运。

在政治上，霍布斯是一个主张绝对君权的人，很像法国的新古典主义者，他著名的作品《利维坦》(《巨鳄》)就是在探讨该如何把绝对君权的国家政治体制经营得像一条巨鳄一样无敌。但在美学上，霍布斯却是一个典型的经验主义者，他是英国经验心理学的鼻祖，在一些涉及审美心理学的地方，他的观点可以用来解释培根所说的“灵心妙运”是怎么形成的。在《论人性》等著作中，他把人类的想象活动看作是“心的虚构”，其有“类似想象”和“接近想象”两种：前者是指人可以把不同时间、地点的感觉所存留在人心理中的意象和观念自由综合。比如你今天在这儿看到了雪，前天在那

儿看到了一座山峰，你就有可能在心中想象出雪山的样子。后者是指凡是在感觉中彼此相连的两种意象，在被人感觉后仍然可以联系在一起，一旦前一个意象再次出现，那后一个也会接踵而来。这种情况有点类似“条件反射”。但是想象力不能单独创作出美的艺术，它要和“判断力”结合起来才能够发挥作用：“想象力”用来联系相似或者相关的感觉和事物，而“判断力”却是用来分别、辨识和判断感觉和事物之间的差异性，求同辨异联系在一起，人才能既发挥想象，又控制想象。但对艺术和审美来说，这还不够。霍布斯很有创造性地把“想象”和人的“欲念”联系到了一起。他认为，审美也就是创造性的想象（灵心妙用），它是和人的欲念、意图联系在一起的。也就是说，想象和审美是艺术家的自觉活动，它和欲念相关，就是和人的情感相关，在这一点上，经验主义美学从感觉经验走到了人类情感，这为浪漫主义文艺的兴起提供了理论依据。

休谟（David Hume，1711—1776）是经验主义思想家中对美和文艺谈论最多的人。在怀疑论的背景之下，他认为“美”从本质上说，不是某种客观事物所产生的一种属性，不应该从客体的一面去讨论美，而应该从人主观的心理感受方面去定义美的本质。他说：

> 美是对象各部分之间的这样一种秩序和结构；由于人性本来的构造，由于习俗，或是由于偶然的心情，这种秩序和结构适宜于使心灵感到快乐和满足，这就是美的特征，美与丑的区别就在于此。所以快感与痛感不只是美与丑的必有的随从，而且也是美与丑真正的本质。
>
> ——休谟《论人性》

1 2

在这里，休谟把美的本质定义为人内心的“快感”，也就是“审美愉悦”。在他看来，因为客观事物本身的规律就是不可知的，而人的感觉反而是相对可靠的，那把美看作是“美”的事物的某种特性，还不如把“美”看作是人的心理感受。但这种解释有点难以自圆其说，因为如果美的本质就是审美快感的话，那是什么引起人的审美快感呢？是审美对象。如果美的本质不是客观事物的属性，那就不能说是“美”引起了“快感”，但这

1 亚伯拉罕·博斯，霍布斯，《利维坦》的卷首插画
1651，版画

2 艾伦·拉姆齐，《休谟肖像》
1766，布面油画，762厘米×635厘米，苏格兰国家画廊

显然又有悖于我们日常的经验。所以，在“美的本质”的问题上，休谟有时候说“美就是快感”，有时候又说“美引起快感”，这实际上显露出他在“客观事物”和“主观感受”之间游移不定的怀疑状态。

休谟的这种怀疑状态，还表现在他非常强调“美”的相对性上。到底什么样的东西是美的呢？他认为，美是一定要和它的用处结合在一起的，某种形式对于这个事物来说是美的，对于那个事物来说又是不美的，只有对人有用的美，才有意义，人们也会根据自身利益的不同，产生不同的心理感受，从而来判断事物的美丑。强调美的社会内容和功利色彩，这是休谟美学观点的另一个主要特点。休谟把美分成“来自感觉的美”和“来自想象的美”两种，前者是由感官直接接受的，似乎只和审美对象的形式因素有关，后者则是审美对象引起人们诸如“它有什么效用”、“它对我自己有什么好处和利益”之类的想象，这就把很多的社会内容通过这样一种带

有功利主义色彩的方式纳入到了美学的轨道之中。可能有的时候，审美对象和我们自己之间并没有直接的利益关系，人们是用一种“设身处地”式的想象，用休谟所说的“同情”来产生不同的心理感受，来判断美丑。而且，有的时候，即便是“来自感觉的美”这样的形式美，仍然会涉及社会内容。休谟举例说，建筑学上要求柱子下粗上细，这看似仅仅是形式上的美感问题，但实际上涉及了人的社会心理：上粗下细会让人内心产生危险感，会和社会生活中诸如跌倒、受伤、痛苦之类的观念联系起来，只有上细下粗才能给人安全感，才能带给人审美愉悦。

经验主义者往往否认先天的理念，不相信存在着一种先于人存在的“美”，人们的文艺创作都要像古典主义者那样遵从于先天的标准。但他们认为人类用于审美的心理功能却是先天的。这种功能就是人的审美趣味。美具有相对性，但人类的审美趣味却有着普遍的标准。休谟说：“两千年

1 | 2

1 安东尼奥·卡诺瓦，《丘比特和普赛克》
1793，大理石，高1.55米，宽1.68米，巴黎卢浮宫博物馆

2 让·鲁克斯《皮格马利翁爱慕他的雕像》
1717，布面油画，134厘米×100厘米，法国法布尔博物馆

前在雅典和罗马博得喜爱的那同一位荷马今天在巴黎和伦敦依然博得喜爱。气候、政体、宗教和语言方面所有的变化都没能削弱荷马的光荣。”这说明尽管审美的趣味是变化无常的，但判断事物好与坏、美与丑的一般性原则却是存在的。人们之所以会在现实的审美活动中发生看法上的分歧，是因为人们在心理审美功能方面存在欠缺。休谟说：“审美趣味的一般性原则在人性中本是一致的；如果人们在判断上有分歧，一般都可以看出心理功能上有某种缺点或反常，这是由于偏见，缺乏训练或是缺乏敏锐性。”天资和修养是两个筛子，把少数人从芸芸众生中优选出来，让他们成为人类共通的审美趣味的评判者。“就连文化最高的时代，在美的艺术领域里真正的裁判人总是稀有的角色：要有真知灼见，配合到很精微的情感，这些要通过训练去提高，通过比较研究去达到完善，而且还要抛开一切偏见；只有具备这些条件，才能构成这种有价值的角色。如果这样的裁判人能够找到的话，他们一致通过的判决就是审美趣味和美的真正标准。”

从培根、霍布斯、休谟这些英国经验主义的代表那里，关于“美”，总结一下，我们可以得到这样一些结论：首先，在“美”是什么的问题上，经验主义认为“美”来自感官经验，而非先天存在的抽象的理性，“美”不是客观事物的属性，而是人的审美快感。其次，在如何判断“美”的问题上，经验主义从审美心理学的角度去理解“美”，“美”既是相对的，同时又因为人类的心智具有相对一致的审美功能，“美”又是普遍的，具有普遍的审美标准。再次，在审美实践（文艺创作和文艺鉴赏）中，起主要作用的不是理性或者是认知能力，而是主体的情感、想象力等。

应该说，从看待美的角度上说，从经验出发还是从理性出发，并不是判断其优劣的标准，关键的问题是，在新古典主义已经将美的原则变成教条，为落后于时代的社会政治制度服务的时候，经验主义跳出理性的窠臼，另辟蹊径，就有了积极的作用。从这个意义上说，在那样的时代背景下，经验显得要比理性更“美”。这就是为什么英国经验主义美学，虽个别的思想家没有达到非常高的成就，但从总体上说其影响巨大的原因。从历史的渊源来看，英国当时的戏剧创作，启发了法国的狄德罗（Denis Diderot，1713—1784）和德国的莱辛，使他们跳出古典主义的悲剧和喜剧的限制，提出了全新的“市民剧”概念。经验主义的美学不仅给了18世纪启蒙主义美学重要的思想财富，休谟等人甚至可以说是康德等德国美学家直接的先导。更重要的是，19 世纪风靡一时的浪漫主义文艺思潮，其思想根源，也在这里。

从意气风发的面孔到多愁善感的内心——浪漫主义文艺思潮

就像理性主义成为新古典主义的理论依据一样，经验主义的美学，在艺术上直接引导出了浪漫主义。18、19 世纪英国的浪漫主义诗歌、19 世纪法国的浪漫主义小说，乃至欧洲 19 世纪浪漫主义的美术、音乐，具体产生的时代环境可能不一样，但在思想根子上，都来源于英国的经验主义。

英国的浪漫主义诗歌传统从文艺复兴时期的莎士比亚、弥尔顿（John Milton，1608—1674）那里经由拜伦（George Gordon Byron，1788—1824）、雪莱（Percy Bysshe Shelley，1792—1822）一直延续到华兹华斯（William Wordsworth，1770—1850）、柯尔律治（Samuel Taylor Coleridge，1772—1834）、骚塞 (Robert Southey，1774—1843）等“湖畔诗人”那里。莎士比亚、弥尔顿诗歌中的浪漫调子，实际上是对人性的呼唤，和文艺复兴的人文主义精神是相通的。弥尔顿是一位盲人，就像荷马一样，但就像后来的诗

1 托马斯 · 菲利普斯，《穿阿尔巴尼亚服饰的拜伦》
1835，布面油画，76.5 厘米 × 69.3厘米，伦敦国家肖像画廊

2 阿尔弗莱德 · 克林特，《雪莱肖像》
1819，油画，伦敦国家肖像画廊

人在诗歌中写到的："荷马能凝视，弥尔顿看得清。"弥尔顿的《失乐园》，在讲亚当和夏娃从上帝的乐园中被逐出的事情，他把一个来源于宗教的故事原型，反其道而用之，展现出了自我发现了的"人"的形象。而且通过诗人充满激情的情绪和沉思式的言语，整个诗歌的氛围充满了梦幻般的浪漫气息。对拜伦、雪莱来说，发现"人"已经不是一个问题了，他们要把自己内心激越的情感和对现实的不满结合在一起，用一种积极向上的情绪从整体上将社会的正义、诗人个体的心理感受整合成一种诗意。雪莱在《西风颂》中写下"冬天已经来了，春天还会远吗"，就是一个很好的例子。我们去看拜伦的作品，会发现其中没有什么含混的比喻，也没有什么艰深的哲学内涵，我们更多看到的是诗人鲜明的思想态度、充沛的感情和超人的想象力；这就像中天的明月，很清晰、很通透，却很动人——这是一种典型的浪漫主义的美学风格。我们知道，拜伦患有先天腿疾，是一个跛子，但在他还在剑桥大学读书的时候，就是一个出色的拳击手，后来还去了希腊独立战争的战场，为他心目中的正义和进步的事业，和英国殖民者作战。从这些事情中，我们可以窥见诗人的精神气质：精力旺盛、充满激情、不循规蹈矩、不向命运屈服、对未来和理想充满信心。从他们的作品背后，我们似乎总是能看见一张张意气风发的面孔——这是一种典型的浪漫主义艺术家的形象。

英国还有另外一种浪漫主义诗人的典型，那就是"湖畔诗人"。"湖畔诗人"称谓的由来，是因为华兹华斯、柯尔律治、骚塞等人在 18 世纪末到 19 世纪初的那段时间，曾先后生活在英格兰北部的湖区，而且把湖区的生活和景色作为书写的对象。他们在思想态度上，向往着一种"世外桃源"式的生活，把现代社会的城市生活和田园牧歌式的乡村生活对立起来，把前者看作是人在社会中受到压抑的原因。他们不像拜伦、雪莱那样直面社会，而是采取了一种逃避现实的方式，回到自然中，回到自己的内心。华兹华斯、柯尔律治曾经合写了一部诗集《抒情歌谣集》，在这部"湖畔诗派"最具代表性的作品中，他们总是把诗歌从生活中细碎的场景引向自己的内心世界——诸如人生的命运、爱与死之歌之类。我们看不到社会的重大事件，看不到关于大是大非问题的探讨。

在《抒情歌谣集》的序言中，华兹华斯阐释了他们自己的诗歌观念。首先认为在诗歌题材上，应该多写普通人的日常生活，而不是伟大的历史人物

和历史事件。他说，他们之所以要回归田园，那是因为在这种生活里，人内心真实的情感可以得到充分生长，不会受到约束。人的各种基本情感处在一种比较单纯的状态，人可以更好地思考和表达，进而人们的热情和自然的美可以完全融合。所以，他认为，只要诗人选择恰当的诗歌题材，即便是社会上最缺乏教育的阶层的日常生活，也和所有其他阶层的日常生活一样，都充满着痛苦与快乐，都可以作为诗歌表现的对象。其次，在诗歌的语言上，他认为诗歌应该避免陈词滥调，应该多从生动自然的民间语言中汲取营养，诗歌的乐律、节奏在很大程度上应该和口语一致。再次，他极力强调情感在诗歌创作中的作用，他认为“一切好诗都是强烈情感的自然流露”。进而想象和幻想就成了人们表达情感的主要方式，诗人应该有丰富的想象力，诗歌也该充满迷人的幻想。

可见，他们的诗歌理想是把古典主义诗学当作对立面，而且他们的创作符合了自己的艺术理想，这在当时很有意义，正如俄国浪漫主义大诗人普希金所说：“人们对于单调的艺术作品，对于既成的精致语言的狭隘圈子感到厌烦……所以华兹华斯、柯尔律治就吸引了很多人的注意。……这两位诗人的作品充满了用诚实的普通人的语言表现出来的感情和富有诗意的思想。”在诗歌的美学风格上，这是一种创新，不过在精神气质上，他们还是显得柔弱了一些，虽然他们怀着善良的愿望看到了当时现存世界的一切卑鄙的行为，也反对起流行的偏见和文艺的流俗。但他们的内心是多愁善感

1 | 2 | 3

1 本杰明·罗伯特·海顿，《华兹华斯肖像》
1842，布面油画，124.5厘米×99.1厘米，伦敦国家肖像画廊

2 皮耶特·凡·戴克，《柯尔律治肖像》
1795，布面油画，559厘米×457厘米，伦敦国家肖像画廊

3 约翰·詹姆斯·马斯克里耶，《骚塞肖像》
1800，油画，伦敦国家肖像画廊

的；他们的态度是向内的，回归自己的内心；他们的理想是向后的，想要退回到社会发展的原始状态。按照恩格斯的看法，如果我们把意气风发的拜伦、雪莱称为“积极的浪漫主义者”的话，那么多愁善感的“湖畔诗人”们则可以称作“消极的浪漫主义者”了。

这里首先要明确一个观点：我们可以从精神气质的“积极”还是“消极”这个角度去分别浪漫主义艺术家，但不能仅仅从这一点上去判断浪漫主义文艺的优劣，因为历史证明，有的时候恰恰是“消极”的浪漫主义，更多地启发了后来的现代主义文艺。

除了英国浪漫主义诗歌，另一个重要的浪漫主义文学潮流就是法国浪漫主义小说了。其代表人物就是大文豪雨果（Victor Hugo，1802—1885）。雨果一生著作颇丰，而且他还不像巴尔扎克那样靠一种艰苦的经验积累的方式写作，他的很多作品都是一种才情之作，最典型的是《巴黎圣母院》，据说，这部作品从构思到完成，仅用了短短的三个月，整部作品中充满了浪漫主义特有的理想色彩、异常的情节、非凡的人物和充沛的激情。在文艺思想上，雨果崇尚天才、追求独创，反对规范性地模仿，他的理论和实践非常一致。他把“三一律”之类的古典主义准则当作破屋梁木，认为如果按那样的规则行事，对于一个有才能的人来说，就是自甘堕落。而且，不光不应去模仿古典主义的作品，即便模仿浪漫主义的东西，同样会失去独创的价值。他说："谁去模仿一个浪漫主义诗人，就必然成为一个古典主义者。"(《雨果论文学》，P90，上海译文出版社，1980 年版)。

从这个意义上说，雨果同样具有一张意气风发的面孔。

除了讲求天才和独创，雨果还非常注重优美崇高和滑稽丑怪相对照的美学风格。在他看来，古典主义的悲剧表现崇高、喜剧表现滑稽，这不是绝对的准则，浪漫主义的作品可以表现悲剧中的喜剧因素，以及喜剧中的悲剧成分，从而增强小说或戏剧的表现力。美与丑的对照融合，也可以更大范围地把生活中平凡粗俗的事情纳入艺术的视野，从而表现社会或者人性的复杂性。这样的例子，在雨果的作品中比比皆是，《巴黎圣母院》中的敲钟人夸西莫多，《笑面人》人中的关伯伦，都是取一个形体上异常丑怪、让人一看就生厌的人物，给他一颗有着某种纯净感情的灵魂，这样，当高尚纯净的感情因为某事件或某个人变得炽热，从而支配他的行动的时候，这样的人物就开始从渺小变得伟大，从丑怪变得美好。有着如此强烈反差的人物，可以激发起人们内心强烈的情感。雨果往往在这样的一些人物形象上注入他的理想，我们都记得，《巴黎圣母院》的结尾是这样的：当这个悲剧故事过去很多年之后，人们在一个隐蔽的场所，发现了两具紧紧拥抱在一起的尸骨，那是丑陋的敲钟人夸西莫多和美丽的吉卜赛女郎爱丝美娜达，他们结合得如此之紧，以至于当人们想把他们强行分开的时候，他们顿时一起化为尘土。这样一个充满幻想色彩的结局，就像中国著名的梁山伯与祝英台故事中"化蝶双飞"的结局一样，都饱含了作者对理想人性的期望与祝福。

从这个意义上说，雨果似乎又有着一颗多愁善感的内心。

我们再来看看浪漫主义绘画是如何突破成规、别开天地的。与新古典主义画家相比，浪漫主义画家不太重视外在的艺术规则，比如古典的题材、严格的人体比例结构等等，而更重视艺术家内在的情感和审美感受。不强调向古典的范本学习，而强调用想象力综合表达现实生活中的感性经验。他们不再单纯地追求古典式的静穆和崇高，而是敢于表达内心激烈的情感和浪漫的理想，有的时候，为了把情感或者理想表达得更好，他们会

1 路克·奥利弗·梅森，《巴黎圣母院》插画 1881

2 艾米乐·贝尔德，《悲惨世界》插画 1887

在色彩、构图甚至题材上，超越现实经验，而变得充满夸张和幻想。我们去看一下带有浪漫主义因素的法国新古典主义画家安格尔（Jean Auguste Dominique Ingres，1780—1867），和法国浪漫主义的代表画家德拉克洛瓦（Eugène Delacroix，1798—1863），也许就能看出一二来。安格尔的绘画中最著名的地方就在于他的人物画，不论是人物肖像还是女体，人们认为其颇有文艺复兴时期拉斐尔的遗风，人物静穆、优雅，人体的色彩和轮廓既自然又充满了“理想美”的色彩。他画过很多幅以宫女为题材的作品，这些女体流畅匀称、珠圆玉润，如同象牙雕琢的一般。这是典型的新古典主义的美。但安格尔和一般的新古典主义者之间还有区别，他的名作《泉》，虽然抱着水坛的少女形象从整体上看还是上述古典的味道，但在一个细节上他突破了古典主义的限制，少女举着水坛的姿势是不符合人体生理结构的，也就是说，正常的人是不可能做出画中的动作的，安格尔是通过他的想象和刻意设计，用一种并不符合古典主义原则的女性形体，表现出最符合古典意味的女体美。安格尔的另一幅著名作品是其晚年的《土耳其浴室》，安格尔不可能进入土耳其浴室，直接面对那么多的裸体女人去写生，他是通过想象营造出了一种极具异域风情的画面，虽单个女体还是充满了

1 | 2

1 安格尔，《泉》
1820—1856，布面油画，163厘米×80厘米，法国奥赛美术馆

2 安格尔，《土耳其浴室》
1862，布面油画，108厘米×110厘米，巴黎卢浮宫博物馆

古典美，但从整体上看，那么多青春美丽的裸体女人同时出现，一种类似于“狂欢”的激情从画面中升腾出来，古典式的静穆从某种程度上被打破了，这已经是浪漫主义的味道了。

德拉克洛瓦出生在1798年，也就是安格尔诞生之后的第18年，他不像安格尔那样用古典主义的艺术准则压制着自己的激情，只是到了晚年才显露出浪漫的气息。德拉克洛瓦一生绘制了九千多幅作品，很多都是一些惊世骇俗的东西，他似乎天生就是一个精力旺盛而且崇尚自由的家伙，他在1829年给自己画了一幅自画像，从他那意气风发的面孔中可以看出他的这种气质。他曾在日记中写道：“如果认为我的浪漫主义意味着自由地表达个人感受，不墨守成规，不喜欢教条的话，那么我不仅承认我是一个浪漫主义者，而且还承认自我15岁起，我就是一个浪漫主义者了。”（《德拉克洛瓦日记》，P11，人民美术出版社，1981年版）

他被人们称为“文人画家”，这一方面是说他有着文人的做派，有文人式的社会责任感和思想性，而不是一个单纯地追求绘画技巧的人，另一方面也是说他有文人的意趣，喜爱文学作品，还喜欢把文学作品转化成自己

绘画的题材。他非常喜欢英国浪漫主义诗人拜伦，甚至在性格和气质上都和拜伦有几分相像：他们的身材都很矮小，但都充满激情，而且在生活上都还有着那么一种崇尚豪华的习气。他曾经取材拜伦的长诗《萨丹帕那路斯》，画了《萨丹帕那路斯之死》。长诗写的是古叙利亚君主萨丹帕那路斯的故事，他早年英明神武，很有作为，但后来却逐渐沉迷于声色犬马之中，最后众叛亲离，还招来杀身之祸。德拉克洛瓦用这幅画表现了这样的场面：在叛军即将攻破萨丹帕那路斯的城池前，他命令自己的手下堆起柴草，杀死他的妃子和名驹，准备将自己和自己的一切财富付之一炬，他自己却冷漠地斜依在床上看着屠杀在面前发生。在画中，德拉克洛瓦不仅把拜伦原诗中的恐怖绝望、凄惨迷离的氛围表现得淋漓尽致，而且还创造出了一种“最后的疯狂”的场面，肉欲与杀戮，痛苦与极乐融为了一体，就像画面中红色的鲜血、黄色的肉体和黑色的背景融为一体一样，给人一种极端的震撼。甚至连画家本人都说：“当我走到这幅画前，它吓住了我……”

德拉克洛瓦还迷恋但丁和《神曲》，他画过一幅叫《但丁的小舟》（又名《但丁和维吉尔》）的作品。表现的是《神曲·地狱》第八篇，但丁和

1 | 2

1 德拉克洛瓦，《萨丹帕那路斯之死》
1844，布面油画，73厘米×82厘米，费城艺术博物馆

2 德拉克洛瓦，《但丁的小舟》
1822，布面油画，198厘米×246厘米，巴黎卢浮宫博物馆

维吉尔乘小舟穿过地狱湖的情景。船上的两个人，看到的是众多罪人的灵魂用各种各样的姿态，想奋力爬上小舟的景象。人物形体和容貌上的变形，单纯而强烈的色彩，大胆的构图，这些早已经打破了古典主义要求的宁静和谐之美，使得整个画面充满了浓重的悲剧情调和象征之美。诸如上述两幅作品是德拉克洛瓦浪漫主义风格的一种形式，把画家的激情和恐怖、杀戮之类的激烈场面结合起来，用这样一种极端的方式，展现丑恶之中的美。德拉克洛瓦的好友，19 世纪著名的法国诗人波德莱尔有一部著名的长诗《恶之花》，用“恶之花”来比喻德拉克洛瓦的这类作品，再合适不过了。

德拉克洛瓦也有表现积极场景的作品，他最著名的作品《自由引导人民》就是如此，这可以说是正义之美，或者叫“善之花”。我们想象一下：在尸横遍野的街道上，人们理想和想象之中的自由女神，赤裸着上身，一手紧握长枪，一手高举红蓝白三色法国国旗，领导着人民奋勇前进。自由女神的头发、腰间的红色腰带，还有三色国旗一起迎风飘扬，这是怎样一种摄人心魄的美。画家运用了夸张和概括的方法，只画了五六个人物，却营造出了千军万马的战斗场面，自由女神的形象是理想式的，而她周围的人们却是现实的，所以这不是一幅现实主义的绘画，它把法国七月革命中人民为推翻复辟的波旁王朝的现实，和画家心目中对“自由”精神的赞美和向往这样的激烈情感融为了一体。《自由引导人民》这幅作品中“自由女神”的形象和巴黎的凯旋门、埃菲尔铁塔一起，成为法兰西文化艺术的三大象征。由此可见德拉克洛瓦在浪漫主义艺术中的代表意义了。

新古典主义和浪漫主义画家，有成就和代表性的还有很多，但我们从安格尔和德拉克洛瓦身上，似乎就可以得到一些基本的结论了。首先，古典主义或新古典主义，尽量避免表现情感，或是表现对情感的克制；而浪漫主义不仅表现情感，而且还表现恐怖、悲哀、愤怒、狂欢之类激烈和极端的情感。其次，新古典主义崇尚规则，从题材到艺术手法上都以古典作品为范本，虽然可能有一些创新，但从总体上说是一种“模仿的成功”；而浪漫主义没有现成的模仿对象，虽然在一些二三流的浪漫主义者那里，浪漫主义的大师成了新的模仿对象和艺术的规则，但从总体上说，浪漫主义还是一种“创造的成功”。再次，反映在美学风格上，新古典主义表现为静穆崇高、宁静和谐，刻板的成分多于幻想的成分；浪漫主义表现为激烈热情、浓墨重彩，浪漫和幻想的气息四处弥漫。

如同浪漫主义文学，特别是所谓的消极浪漫主义文学启发了现代主义文学，浪漫主义绘画，特别是“恶之花”之类的浪漫主义绘画，也极大地开拓了现代绘画的题材范围和想象空间。这个问题，我们在谈到现代主义美学和艺术的时候会再一次遇到。

1

1 德拉克洛瓦，《自由引导人民》
1830，布面油画，260厘米×325厘米，巴黎卢浮宫博物馆

启蒙者的思想，看上去很美

从时间顺序上来说，启蒙主义美学在新古典主义之后，这是肯定的。但启蒙主义并不是在浪漫主义之后，启蒙主义主要是 18 世纪的事情，而浪漫主义从 18 世纪一直延续到 19 世纪。从地域上说，启蒙主义美学主要在德国和法国两个国家进行。因为地域不同，它所要启发的具体“蒙昧”状态也不同，所以从思想内涵上来说，启蒙主义并不是完全同一的：法国的启蒙主义是在为大革命作思想准备，在美学上，其直接针对的是新古典主义。德国的启蒙主义和德国从分裂走向统一的社会环境相关，社会需要统一，这就要求其美学追求一种一致性和规则，所以还带有相当的古典主义色彩。

启蒙主义美学是一种复合性的美学思想，理性主义和经验主义的成分都有，浪漫主义和现实主义的气息，哪一个多一点，哪一个少一点，又因人而异，不是什么绝对的事情。

启蒙在革命之前——法国启蒙主义美学思想

所谓启蒙（illumination），原意是“照亮”的意思，照亮什么呢？照亮人们的头脑，使得他们的思想可以从蒙昧状态中解放出来。启蒙也好，思想解放也好，它往往和社会变革密切相关。有的时候，启蒙是在社会变革或革命之前，有了启蒙在思想上的准备，革命会更彻底；法国大革命之所以是西方最彻底的一场资产阶级革命，这和启蒙主义者的贡献有关。有的时候，启蒙也会在革命之后，是那种不彻底的革命的反思和思想补课；中国现代的思想启蒙是 1919 年的“五四”运动，它在很大程度上说就是对 1911 年不彻底的辛亥革命的反思。从“革命”和“启蒙”这两者的关系上去看法国启蒙主义的美学思想，可能会对理解其在美学上纠缠于“新旧”之间的状态，有所裨益。

法国启蒙主义的代表人物有这样几个，首先是先驱式的人物孟德斯鸠(Montesquieu，1689—1755)，然后是启蒙主义的三大思想家——伏尔泰(Voltaire，1694—1778)、卢梭(Jean-Jacques Rousseau，1712—1778)、狄德罗。

孟德斯鸠是西方近现代社会思想的开拓者，我们熟知的诸如“天赋人权”、“法律面前人人平等”、“三权分立”之类的法权观念最早就起源于他。不过他对美学和文艺所言甚少，在此就不赘述了。

伏尔泰是法国启蒙主义者最典型的代表，在他的身上反对集权君主制和教会权威的态度是明显的，但并不是十分激烈，只是提倡一种开明的君主制。相应地在美学上，他也没有对中央集权的新古典主义美学提出激烈反对，而是处在一种留恋和反对的矛盾之中。究其原因，首先需要说明的是，美学思想的变更相较于社会变革来说，是一个漫长的过程，当新古典主义的社会基础——中央集权的君主制被人们强烈反对的时候，新古典主义的一些美学原则并不一定会随之崩溃。而且，如我们前面所说，新古典主义的文艺实践，虽然在力图遵守新古典主义死的规则和教条，但它毕竟是一种活的艺术，还是有一些能够超越某种流派的普遍的美，从而进入法国的文化艺术传统，对后来者发挥着影响。

伏尔泰觉得美学和艺术上死气沉沉的状况需要改变，特别注意从法国新古典主义外部寻找一些有借鉴意味的艺术，介绍进来。我们知道中国有一部古典戏剧《赵氏孤儿》，在西方的知名度很高，被称为“中国孤儿”，其

1 2 3

1《孟德斯鸠肖像》
1728，布面油画，63厘米×52厘米，凡尔赛宫

2 尼古拉斯·德·拉吉利尔，《伏尔泰肖像》
1724—1725，布面油画，81厘米×65厘米，凡尔赛宫

3 莫里斯·康坦·德·拉图尔，《卢梭肖像》
18世纪，粉笔画，45厘米×35.5厘米，法国安东尼·莱库耶博物馆

原因就是因为伏尔泰的介绍。还有一个明显的例子——他还是首先向法国人介绍莎士比亚的人。但伏尔泰又是一个对新古典主义有所留恋的人，他觉得拉辛、高乃依、莫里哀是完美的，甚至在他心里，他们要比古希腊的悲剧家和喜剧家们更高明。莎士比亚的戏剧只是一个有益的补充，而要用他那种不顾古典规则的创作方式，取代新古典主义戏剧，那是万万不能接受的。所以，当莎士比亚戏剧在法国受到欢迎的时候，伏尔泰曾经有过这样的感叹："我头一个把从莎士比亚的大粪堆里所发现的珍珠指给法国人看，真料想不到有一天我竟帮助人民把高乃依和拉辛的桂冠放在脚下践踏，来替一位野蛮的戏子贴金抹粉。"（转引自《朱光潜全集第八卷·西方美学史》，P285）用"野蛮的戏子"这样的语言来形容莎士比亚，显然是有点意气用事了，那是为了抬高新古典主义戏剧而这么说的，伏尔泰对莎士比亚的真实看法应该是这样的："具有雄强而丰富的天才，既自然，又雄伟，但没有一点好的审美趣味，丝毫不懂得规则。"（伏尔泰《英国书简》，转引自《朱光潜全集第八卷·西方美学史》，P284）

伏尔泰对莎士比亚"既爱又恨"的态度，让我们可以猜想，他的戏剧理想可能是这样的：拿莎士比亚生动的情节和人物，与拉辛或者高乃依那样优雅的诗歌语言、符合规范的戏剧结构结合起来，这是一种"带着镣铐跳舞"的要求。从美学上说，"带着镣铐跳舞"意味着对古典主义美学原则的承认和容忍，多少表现出保守的一面。

如果说伏尔泰身上显露出了启蒙主义思想家们保守的一面的话，那卢梭则更多地表现出了激进的一面。卢梭不像伏尔泰那样，出身上流社会，他是一个日内瓦钟表匠的儿子，很小的时候就死了母亲，后来还过了一段时间的流浪生活。这样的经历造就了他激进狂热、充满幻想而又摇摆不定的性格。卢梭写过一本著名的《忏悔录》，在其中，卢梭以一个"大罪人"自况，虽然很多地方他是在夸大其词，但从他自己记述的一些事件上看，他还真是一个不太遵守一般性道德原则的人。比如说，卢梭从小就接受正统的加尔文教派的教育，但在青少年时代，他为了生计曾经追随过一位天主教神父，而且非常郑重地提出要改变自己的教派，加入天主教。后来他成名之后，受到家乡的邀请回到日内瓦，为了衣锦还乡的时候符合家乡的信仰，他又改回了信仰。为了物质利益改变自己的信仰，这似乎不是一个道德高尚的人的所为。卢梭认为自己是一个热心肠的人，但据说在他过流浪生活的时候，为了自己的安危或利益曾经不止一次地抛下同伴。由于底层生活的经历以及乖戾的性格，卢梭在政治上激烈地反对君主制，反对“王权神授”，提倡社会的民主和人的自由，他的名著《社会契约论》，是近现代西方民主思想的奠基之作。他用社会的契约关系来取代等级压迫关系，作为社会的纽带，但他又把“个体的人权”放到由社会契约形成的“社会总体意志”的绝对权力之下，认为人应该无条件地把自己连同自己的权利让渡给全社会，这在政治思想上就有一定危险了。关于这一点，20 世纪英国著名哲学家罗素有一个偏激的看法，他认为，都说希特勒的思想来源于尼采，但其实卢梭的思想是其更早的一个来源。（参见罗素《西方哲学史》下卷，第 19 章，商务印书馆，1976 年 6 月版）

卢梭真是一个让人捉摸不定的人。他的社会理想原本是上述那个样子的，但当他感觉自己的社会理想不可能在当时的现实中实现的时候，突然就开始仇视整个社会，觉得人类的一切现代文明都是可憎的，只有原始意义上的自然才是人们应该栖息的场所，人原本是善的，是各种社会制度才使人变恶。他的“回到自然”的口号，说白了就是一种原始自然主义，这固然是一种对社会现实的反抗，但却是一种历史的倒退。

由于对现代文明的敌视态度，卢梭对作为文明组成部分的文艺也采取全盘否定的态度，这不由地让人联想起柏拉图。柏拉图曾经给文艺定下两大罪状：一曰，文艺不真实；二曰，文艺伤风败俗。这我们前面说过。卢梭反对文艺的原因也不外乎此。这我们可以从卢梭和伏尔泰之间的论战中看出来。卢梭和伏尔泰原本关系很好，后来由于卢梭的“自然”思想让伏尔泰难以接受，

1

1 《忏悔录》的插图
1903

两人失和。当卢梭把他的论文寄给伏尔泰的时候，后者不无讽刺地说“我收到了你的反人类的新书，谢谢。……读尊著，人一心向往四脚走路。但是，由于我已经把那种习惯丢了六十多年，我很不幸，感到不可能再把它捡回来了。”（转引自罗素《西方哲学史》下卷，第19章，P229，商务印书馆，1976年6月版）不过，在反对文艺这一态度上，卢梭也好好地报复了伏尔泰一番。伏尔泰喜爱文艺，特别是戏剧，当时的日内瓦由于有浓厚的加尔文教派清教禁欲的背景，所以有不准上演戏剧的禁令，伏尔泰想打破这种禁令，在这种时候，卢梭跳出来，以戏剧不符合人们的“自然”本性为由，以禁欲美德提倡者的角色，激烈地反对伏尔泰的戏剧主张。那时，这样两位启蒙主义的大思想家是这样相互评价的：伏尔泰认为卢梭是一个搬弄是非的疯子；卢梭认为伏尔泰是那种“鼓吹不敬神的喇叭手，华丽的天才，低级的灵魂”。两人之间的争论有很明显的个人恩怨的味道，这个我们且不去说，单从他们各自真实的看法出发，我们会发现这样一个很有意思的事实：伏尔泰较为保守的社会和文艺思想中其实有着激进的一面，而卢梭激进的社会思想走向了极端，表现在文艺上，因噎废食，反而显得保守了。

其实，如同柏拉图反对文艺却也对美学的发展做出了自己的贡献一样，卢梭的反文艺的思想对美学的发展，也不是一无用处的。他极力强调“情感”的作用，在他写的书信体小说《新爱洛伊丝》之中，他极力渲染了女主人公爱洛伊丝和她的家庭教师之间那种冲破礼教的爱情，把其中的快乐、痛苦、挣扎的情感推向了极端。小说的思想倾向和美学风格与当时崇尚“理性”的潮流格格不入，充满了浪漫主义情调。加之，他鼓吹“回归自然”，从积极的一面来看，可能有助于唤醒浪漫主义解放精神压抑的情绪，催生出更多“意气风发的面孔”，从消极的一面说，也容易让人们躲避到世外桃源中，回归自己“多愁善感的内心”。所以，可以说，在卢梭和18世纪英国经验主义美学思想之间，是互动的，它们一起形成了18、19世纪声势浩大的浪漫主义文艺思潮。从这个意义上说，启蒙主义者卢梭，是西方浪漫主义运动的先导之一。

如果说伏尔泰和卢梭分别是旧的美学思想的同情者和破坏者的话，那狄德罗就是新的美学思想的建设者。和卢梭一样，狄德罗出身社会下层，

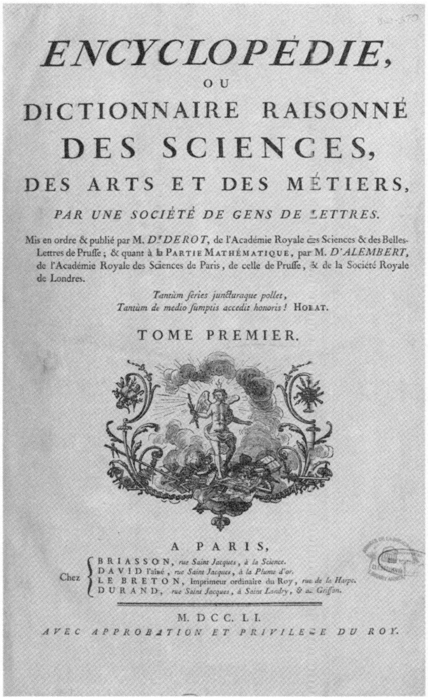

ENCYCLOPÉDIE,
OU
DICTIONNAIRE RAISONNÉ
DES SCIENCES,
DES ARTS ET DES MÉTIERS,
PAR UNE SOCIÉTÉ DE GENS DE LETTRES.

Mis en ordre & publié par M. DIDEROT, de l'Académie Royale des Sciences & des Belles-Lettres de Prusse; & quant à la PARTIE MATHÉMATIQUE, par M. D'ALEMBERT, de l'Académie Royale des Sciences de Paris, de celle de Prusse, & de la Société Royale de Londres.

Tantùm series juncturaque pollet,
Tantùm de medio sumptis accedit honoris! HORAT.

TOME PREMIER.

A PARIS,
Chez BRIASSON, *rue Saint Jacques, à la Science.*
DAVID l'aîné, *rue Saint Jacques, à la Plume d'or.*
LE BRETON, Imprimeur ordinaire du Roy, *rue de la Harpe.*
DURAND, *rue Saint Jacques, à Saint Landry, & au Griffon.*

M. DCC. LI.
AVEC APPROBATION ET PRIVILEGE DU ROY.

是外省刀匠的儿子，他违背了父亲让他学习神学的愿望，选择了哲学和文学。狄德罗学问渊博，通晓多种学科，他后来成为法国“百科全书派”的领袖，所谓“百科全书派”是一些因为撰写《百科全书》而聚集在一起的启蒙主义思想家，他们把撰写这本大书的过程看作是重新梳理知识、宣传新思想、新理论的行为。从某种程度上说，狄德罗主编和参与撰写的《百科全书》是启蒙主义思想的集中展示。

狄德罗为《百科全书》写的《论美》条目，长达数万言，集中反映了他的美学思想。他有一个著名的“美在于关系”的理论。他说：“我把凡是本身就含有某种因素，可以在我们的理解中唤醒‘关系’这个观念的性质，都叫作外在于我的美；凡是唤醒这个观念的性质，都叫作关系到我的美。”这话听起来有些难懂，实际上，他自己在解释“美在关系”的时候，也是有点混乱的。总的说来，狄德罗认为“美”是存在于两个层面的，当它有唤起我们审美活动潜质的时候，它还只是外在于人的，而当它真的唤起我们的审美的时候，它就是关系到我的了。而“关系到我的美”又有两种：

1 | 2

1 由伏尔泰翻译的《牛顿哲学原理》的卷首图
1738

2 狄德罗主编的《百科全书》扉页
1751—1752

有所谓的“实在的美”，即不以人的意志为转移的美，其之所以美，在于它本身各部分之间表现出了秩序、对称和一些关系。也有所谓“见到的美”，也就是和人发生了审美关系的美。他所说的“关系”到底指什么呢？今天理解起来，可能有这样几个方面：一是同一事物各个组成部分之间的关系，特别是在形式上的比例对称等；二是某一事物与其他事物之间的关系，事物与它的环境之间的关系；他说“美在关系”，是看到了美不是一种孤立的东西，而是在某种具体的“情境”中体现出来的。第三是审美客体（对象）与审美主体（人）之间的关系。“美”一定是触动了人的内心情感的某种东西。

我们不妨看看狄德罗自己在解说“美在关系”时所举的例子。他说高乃依的戏剧《贺拉斯》中有一句台词——“让他死吧”。单看这一句话，似乎无所谓美丑，因为它还没有和其他的事物发生关系，还没有情境。但如果告诉你这句话是在回答一个人该如何对待一场战斗的话，关系就开始出现了。如果进一步告诉你，这是一个老迈的父亲在回答他的女儿，他的儿子她的兄弟该用什么样的态度去参加保卫祖国的战斗，关系就开始明确了。再进一步，如果这个儿子是老人剩下的唯一的儿子了，他另两个儿子都已经战死，而现在他的这个儿子要以一抵三，去和那杀死自己两个兄弟的三个敌人战斗，老父亲用这样一句话毅然决然地鼓励儿子去战斗，那么一种崇高庄严的美就产生了。

虽然狄德罗把美定义为“关系”，显得让人捉摸不透，但他这么做的目的还是较为明显的。他是想把“美”与“人”，特别是“人的情感”联系起来。艺术模仿自然，这是西方美学观念中的一个常识，甚至新古典主义者们也提“自然”。狄德罗通过“美在关系”这样的说法，要求艺术模仿自然的时候可以和人的审美趣味相吻合。人的审美趣味有其客观的一面，也就是说，它像知识一样有真理的成分，是真实的；但它又和人的情感关系密切，美不管怎样地符合自然的秩序和规律，它必定要感染人和打动人，情感因素将“美”和一般意义上的知识区别开来。这样的话，人的审美趣味就成了自然和艺术之间的桥梁，和人的情感建立了“关系”的“自然”，就不是死板的了，就不是新古典主义用这样那样的“规则”限制的自然了。狄德罗之所以会理直气壮地要求艺术家们“学习自然，而不要学习规则”，就是因为“自然之美”在他看来不是孤立的、外在于人的，而是和人的情

感建立了某种关系的东西。

狄德罗喜爱文艺，特别是戏剧，他把自己所倡导的文艺，当作是其美学观点的佐证和实践。这与卢梭不同，而与伏尔泰类似。不过和伏尔泰一味留恋新古典主义戏剧的情况不同，狄德罗既不否认高乃依、拉辛等人的艺术成就，又旗帜鲜明地反对新古典主义戏剧那种矫揉造作、循规蹈矩的作风。他倡导所谓的“严肃剧”。

我们知道，古典主义的戏剧样式，只有“悲剧”和“喜剧”两种，在古希腊罗马时期，悲剧描写精神境界高于读者又和读者类似的人物，读者用一种仰视的态度看待他们的命运，并激起自己内心恐惧和怜悯一类的心理感受；喜剧则描写那些精神境界低于读者的人物，人们带着俯视的目光

1

1 雷内·马格利特，《大家庭》
1963，布面油画

嘲弄和戏谑他们。17 世纪法国新古典主义戏剧，大体上依然如此，稍有不同是，他们更注意用悲剧描写上层社会，布瓦洛就号召戏剧家们“研究宫廷，认识都市”。当新兴的资产阶级和市民阶层不断壮大的时候，用他们喜欢的方式表现他们的生活就成了现实需要了，如果像新古典主义者那样，固守传统的悲剧和喜剧在题材等方面的条条框框，那么让人设身处地用平视的视角，描写普通人和日常生活就是不可能的了。基于此，狄德罗大力倡导一种新的戏剧样式——“严肃剧”。在他的设想中，这是一种介于悲剧和喜剧之间的剧种，包括“家庭悲剧”和“严肃喜剧”两种，都是用一种严肃的、略带伤感或略带戏谑的风格，反映普通人在爱情、家庭、职业、社会中的境遇，把符合时代的新道德伦理、社会关系表现出来。我们都还记得伏尔泰对待莎士比亚的态度，而狄德罗的“严肃剧”恰恰是受到了英国戏剧的启发，莎士比亚有很多“一点都不懂规则”的悲喜混杂剧，17、18 世纪又有很多被当时的法国人称为“泪剧”的东西，用伤感的调子讲一些跟日常生活的道德伦理有关的故事。可见，狄德罗的“严肃剧”并非他凭空想象，而有其现实参照。我们都知道，现代意义上的戏剧，大体上分为悲剧、喜剧和正剧，而“正剧”最早的来源就是狄德罗的“严肃剧”。

具体来看狄德罗的戏剧理论，会发现其“启蒙味”是很重的，也就是说和当时的官方意见有着明显的对抗性：

在题材上，不管是历史题材还是现实题材，他要求抛开贵族和宫廷中的伟大人物，去表现和市民生活最紧密的家庭。

在艺术风格上，他要求宁可粗野一点，也不要虚伪腐朽的“优雅”，要自然，充满感情，不能死气沉沉。

在戏剧人物上，他认为传统戏剧总是在表现“类型”，人物缺乏“个性”——启蒙主义关于人的一个重要思想就是所谓的“个性解放”。要使人物具有个性，就应该着力表现人物所处的情境，人物的性格要取决于情境。什么是情境呢？他拿出“关系”这个概念来解释：所谓“情境”，就是由人物所具有的“家庭关系、职业关系和友敌关系等等形成的”。在这里，情境和社会内容联系到了一起，表现出了现实主义的气息。同时，他又把人物的性格和环境联系到了一起，“环境影响性格”，这比古典主义戏剧“性格决定命运”，把性格看作是天生的、一成不变的观点，更深了一层。

在戏剧情节方面，由他的“情境”观念，狄德罗已经开始强调戏剧冲突。他觉得不该像传统的喜剧那样，简单地对人物的性格作对比，来形成情节。比如让一个急性子碰上一个慢性子。那样太机械，不自然。应该让人物的性格和情境作对比，形成情节。比如，如果写一个守财奴恋爱，就应该让他爱上一个出身贫苦的女子，这样他们对待同一件事情的利害计较就不同了，冲突就会产生，而且这样的冲突是自然的，没有人为的痕迹。

另外，除了强调社会内容之外，狄德罗非常强调想象力和激烈情感的作用。创造令人惊奇的情节，营造出一种巨大的粗犷的野蛮的气魄，也是他心仪的东西。从这个意义上讲，狄德罗从两个方面同时对抗着新古典主义：一是用现实感，二是用浪漫气息。前一种启蒙对19世纪批判现实主义文艺意义重大，后一种启蒙则和欧洲浪漫主义文艺形成了互动。

狄德罗自己曾经写过两部“严肃剧”，一个叫《私生子》，一个叫《一

1

1 让-马克·纳蒂埃，《博马舍肖像》
1755，布面油画，83厘米×65厘米

家之主》，一看名字就知道是通过家庭关系写普通人的生活。在很多时候，理论家的文艺实践会带有明显的“范本”味，缺乏生动鲜活的艺术气息。狄德罗也是这样，这两部作品都因为说教味太重，算不上优秀。但是，在当时有一位狄德罗戏剧理论的忠实拥护者却创作出了优秀的“严肃剧”，这个人是博马舍（Pierre-Augustin Caron de Beaumarchais，1732—1799），他的著名作品是《塞维利亚的理发师》和《费加罗的婚礼》。后来莫扎特把它们改变成了歌剧，直到今天还在世界各地上演。

启蒙在文艺复兴之后——德国启蒙主义美学

德国的启蒙主义和法国启蒙主义有一个明显的区别：德国因为没有一个强大统一的国家出现，所以也没有类似新古典主义那样具有极权色彩的美学规范存在。而且，德国的启蒙主义思想恰恰有一部分就是在呼唤统一的国家出现。这使它的启蒙和古典主义的关系更加密切了。另外，德国的启蒙主义直接导源于文艺复兴，是文艺复兴人文思想的继续和发展。从这两个意义上说，德国启蒙主义思想似乎不是向前的、给革命做的准备；而是以退为进地用文艺复兴以来的理性主义思想，为新兴的资产阶级和市民阶层服务，而且这种启蒙也主要局限在思想文化范围里，是“思考式”的而非“行动式”的，不像法国那样涉及现实和政治内容。

德国人当时在艺术和美学方面是不太自信的，他们不像意大利或者法国那样，有着灿烂的文艺传统可以拿来分析解说。当别人都开始讨论浪漫主义文艺的时候，他们还在思考怎么让自己的文艺从“庸俗”的巴洛克风格和古老的哥特风格中解放出来。他们之所以要把目光放到古希腊、文艺复兴或者是法国启蒙主义者那里，确实也是无奈之举，因为本国在文艺实践上没有更多可供解说的对象。不过，这也有好处，因为文艺思想停留在没有现实参照物的抽象思考上，反倒对于建构体系性的哲学和美学思想有益。为“美学”命名的鲍姆嘉通之所以会产生在德国，后来德国古典哲学和美学的成就之所以会那么大，原因之一可能就在此。

鲍姆嘉通（Alexander Gottlieb Baumgarten，1714—1762）在西方有“美学之父”之称。在他所著的《美学》一书中，第一次把那种以“美”为研究

对象的学科独立命名，并把这种原来被人们认为是很平常的美学抬高到很高的地位。虽然这样的贡献只是名义上的——美学本身在没有被命名之前一直是存在发展着的，并不是他的创造。但确定美学在人类知识、思想之中的位置，美学和哲学的关系，并对其研究对象与范围做出界定，这已经是相当重大的贡献了。他在《美学》第一章中说：

> 美学的对象就是感性认识的完善（单就它本身来说），这就是美；与此相反的就是感性认识的不完善，这就是丑。正确，指教导怎样以正确的方式去思维，是作为研究高级认识方式的科学，即作为高级认识论的逻辑学的任务；美，指教导怎样以美的方式去思维，是作为研究低级认识方式的科学，即作为低级认识论的美学的任务。美学是以美的方式去思维的艺术，是美的艺术的理论。

从鲍姆嘉通对美的定义中还能看出，他认为“美在于完善”。感性认识的完善就是美——这又是一个影响广泛的美的定义。

1

1《美学》封面
1750

他对美学的具体看法受到了德国理性主义哲学家莱布尼兹（Gottfried Wilhelm Leibniz，1646—1716）的影响，而后者的思想继承了笛卡尔的衣钵。从鲍姆嘉通对美学的定义中可以看出来，美学是作为一种“认识论”被提出来的，是一种低级的认识论。这个思想实际上源于莱布尼兹关于认识论的发展：他把人的认识分为很多层次，最高的层次是“明晰的认识”，其下有不同层次的“朦胧的认识”。在“明晰的认识”中又有两种情况，一种叫作“明确的认识”，也就是理性的，经过逻辑思维把事物各部分及其相互关系分辨得清清楚楚；另一种叫“混乱的认识”，是感性的，虽然对事物各部分及其相互关系没有明确的分辨，但总体上的印象可能是生动的。“美”就是这样一种属于感性的、“混乱的认识”，它是人类最高层次的认识，只是在这个最高层次里，低于“明确的认识”而已。

说到这里，需要补充说明一点。从理性主义、经验主义到德国古典美学，有一个重要的问题大家基本上是一致的，那就是把人的心智功能分为“认知”、“情感”、“意志”三种，和这三种心智功能对应的是知识、美和道德。鲍姆嘉通基本上还是从“认知”这个层面去界定美和美学的。在后来美学的发展中，美学就不再被简单地纳入认识论之中了，比如在康德那里，就把美学当作是沟通认识论（纯粹理性）和道德（实践理性）之间的桥梁。可见，美学的独立性也不是在被命名之初就完全具备的。

从文艺复兴开始，近代欧洲对古希腊罗马的文化艺术都怀着持续不断的兴趣，而使这种崇古潮流发展到顶峰的是温克尔曼（Johann Joachim Winckelmann，1717—1768）。他是一个艺术史家，但又不仅仅是一个客观历史的描述者，因为感到当时的德国民众审美趣味太过于低下，他就希望通过对于古代希腊罗马艺术的重新发现和系统介绍，让现实中的人有可供学习的美学范本，从而改造国民的审美趣味。温克尔曼年轻的时候只能通过别人的二手资料去了解古希腊罗马的艺术，总觉得缺憾，后来他得到德国境内萨克森王国国王的资助，才有机会在1755年到罗马学习。经过长期的实地考察和研究，他在1764年完成了最重要的著作《古代艺术史》——这是西方第一部真正意义上的、系统的古代艺术史：以前人们探讨“美”，就其系统性而言，主要是通过“诗学”传统来谈的。讨论造型艺术要么把它当作一个专门的技艺性艺术门类来看，要么把它当作“诗学”的补充和佐

证，专门从造型艺术的发展历史来谈“美”的风格变化，自温克尔曼开始。

《古代艺术史》的史学价值不言而喻，更难能可贵的是它的美学价值。温克尔曼把希腊的艺术发展分为四个时期：一是“古朴风格”期，造型艺术处在初步尝试阶段，风格上有力量但很生硬，还没有抓住美的形式。二是“崇高或雄伟的风格”期，淳朴而又完整。三是“美的风格”期，技巧臻于完善，显出清秀典雅来。四是“模仿”期，艺术活力减退，风格上因趋于折中杂糅而显得轻浮，这是衰退的迹象。在这样的历史分析中，温克尔曼得出结论，认为第二个时期是古希腊艺术的最高峰，它所代表的那样一种“高贵的单纯和静穆的伟大”的风格是艺术的最高理想——这就不再仅仅是一个客观评价的问题了，而是作者通过艺术史在表达他自己关于“什么是美”、“美的最高形式是什么”之类的美学观点了。古朴和浮华是“不及”和“过头”的话，它们不能作为完美的范本，这完全可以理解，但温克尔曼为什么能从“崇高”和“优美”这两者之间挑出前者而非后者作

1 安东·拉斐尔·门斯，《温克尔曼肖像》1761—1762，64厘米×49厘米，美国大都会艺术博物馆

2《雅典娜像》1—2世纪，大理石，2.6米，巴黎卢浮宫博物馆

为“艺术和美的最高理想”呢？你当然可以用“仁者见仁，智者见智”来解释，但实际上，温克尔曼力图匡正他所处的那个时代德国的审美现实，可能才是真正的原因。这也是他为什么具有启蒙意义的原因所在。

18世纪的德国，造型艺术表现为这样一种矛盾：一方面难以摆脱以“巴洛克”为主要风格的落后面貌，另一方面又极力地模仿法国宫廷那种看似高雅、实则造作的风格。这是两个极端，但这两个极端却有着共同的弊端，那就是对技巧无节制的追求。在这样的情况下如果再强调“优美”，那对于匡正时弊，肯定没有强调“崇高”来得有效。我们来看一个例子。温克尔曼曾经激烈地批评过当时的一位名叫皮盖尔的法国雕塑家，因为后者为宫廷雕塑了一座爱神维纳斯的雕像——雕像中的维纳斯被描绘得如此柔情，人物的表情和神态因为过分追求技巧的缘故，竟然显露出猥亵好色来。雕塑者让维纳斯的嘴角似乎不停地有垂涎落下，让她的眼神和表情显得焦躁不安，似乎是受到了欲望的侵袭，这么处理实际上都是为了刻意地表现作者的技巧，是在滥用才能。对此温克尔曼带着愤怒讽刺道：“为了雕塑自己崇拜的各种神，古人们才使用了你也使用的雕刻刀！举世无双的皮盖尔，你的手令人信服地证明了：若不兜售愚笨的奇异货色，手便是有用的。”（温克尔曼《古希腊绘画与雕塑随想》，转引自吉尔伯特、库恩合著的《美学史》，P395）那意思是说，通过刻意的技巧哗众取宠，这样的艺术家是毫无用处的。

温克尔曼所说的“高贵的单纯和静穆的伟大”的美学理想，除了现实的作用之外，在美学理论上也有它的价值。我们知道，“美”在古希腊最早是被当作比例匀称、线条优美一类的形式因素。温克尔曼的美学理想首先就是一种形式美的宣扬，“单纯”、“静穆”从某种程度上说，就是摆脱了人物情感和动作的“形式美”，就像是从清泉里流出的最纯洁的水，越没有味道就越好。但要使得“单纯”显得“高贵”，“静穆”中蕴涵着“伟大”，纯形式的美又是不够的，它必须把人的精神和灵魂表现出来：不是没有情感，而是表现“情感”和“情感的节制”之间所达到那种均衡的状态；不是不描摹人物的表情和行动，而是让表情和行动，与那种均衡的精神状态一致。

在他的环境中，温克尔曼确实没法像法国的启蒙主义者那样，推崇情感，让艺术表现出人物的个性，这是他落后的一面。但从积极的一面来说，他提出的这个美学理想至少具有这样的价值：它让两种原本相互之间没有任何联系的艺术理想，同时出现了。一个是，艺术家要追求美，就一定要把人的特定的表情、个体的容貌、情感的一定流露放在次要地位，而把主要力量用于形式美的追求。另一个是，艺术理想必须包含人的心灵的理想状态，而人的表情、姿态，正是对人的心灵状态最天然的表现。这样两种对“美”的不同评价，纠合在一起，从一定程度上，就是像温克尔曼这样兼有“古典主义者”和“启蒙主义者”双重身份的人典型的状态。

温克尔曼主要在讨论造型艺术，不过他曾经在讨论雕塑《拉奥孔》的时候，作为对比，他也谈到诗歌。“拉奥孔”是古希腊传说中的一个人物，他是特洛伊城太阳神庙的祭祀。在荷马史诗中，我们知道这样的故事：希腊联军和特洛伊打了十年之久的仗，最后希腊人用了著名的“木马计”，才攻克了特洛伊。他们让一小股军队藏在一个巨大的木马躯壳里，然后故意

1

1《拉奥孔》
年代不详，大理石，208厘米×163厘米×112厘米，梵蒂冈博物馆

战败，把木马丢弃在特洛伊城前，特洛伊人怀着好奇心，兴高采烈地把木马当作战利品拖回城内，木马里的兵士等到天黑的时候，溜出来和早已等候在城外的大军里应外合，一举打败了特洛伊。在这整个过程中，拉奥孔一开始就有所怀疑，当木马被运回城内的过程中，他还曾极力阻止，但他的意见没有被采纳。即便如此，拉奥孔还是触怒了站在希腊人一边的海神波塞冬，他放出两条大蛇，要把拉奥孔和他的两个儿子一起杀死。雕塑表现的就是拉奥孔一面力图保护自己的儿子们，一面和大蛇搏斗的场景。古罗马诗人维吉尔在《伊尼德》中用文字描述的“拉奥孔”，充满了激烈的情感和极度的痛苦，而雕塑中就没有这种痛苦的悲鸣。温克尔曼认为这具1506年在罗马出土的雕塑是希腊化时期的作品，时间上早于《伊尼德》，所以两者的区别正好证明了：古希腊的艺术天才要比拉丁艺术天才拥有卓越而高尚的抑制和单纯。这和他对于古希腊艺术“高贵的单纯和静穆的伟大”的评价是一致的。

他的这一看法直接刺激和启发了德国另一位美学家写作了他的美学名著，这位美学家就是莱辛，这本名著就叫《拉奥孔》。

莱辛认为温克尔曼所描述的“拉奥孔”这同一个题材在两种不同的艺术门类里表现的差异是正确的，但解释不对。首先，莱辛认为，有证据表明，雕塑在时间上晚于诗歌，而且可能还受到了诗歌的启发。其次，希腊人的艺术天才们并不一定是抑制情感，表现静穆的。比如，荷马史诗的主题就是要表现“阿喀琉斯的愤怒”，史诗当中时常也有这样的场面：当英雄们受伤的时候，他们也会倒在地上痛苦哀号；爱神维纳斯，非常注意自己的形象，当她的皮肤哪怕受到了最轻微的擦伤时，不论在什么场合她都会立刻惊声尖叫，肆无忌惮地表现她的感受。在这些地方，在希腊最具天才的诗人荷马那里，难道我们还能说希腊艺术不允许表现激烈的情感吗？可见，古希腊的诗歌同古罗马的诗歌一样可以表现激烈的情感。由此莱辛得出结论：“雕塑拉奥孔”和“诗歌拉奥孔”两者之间的差异不是因为产生在古希腊或古罗马造成的，而是由于绘画（广义的造型艺术）和诗歌（广义的文学）本身的差异造成的。所以，莱辛给他的著作《拉奥孔》加了一个副标题——“论绘画和诗的界限”，在这本书里，他在整个西方第一次系统地在美学层面上，探讨了这个问题。

有意思的是，虽然当时他们争论激烈，但事实上不管是温克尔曼还是莱辛，对雕塑“拉奥孔”的时间界定都是不对的。现代的一些考古学家发现，这个雕塑大约是在公元前50年左右完成的，而诗歌《伊尼德》是在公元前17年出版的，也就是说两者基本处于同一时代。如果是这样的话，那么两者可能没有太多的相互影响，大体上是独立完成的。在同一个时代，在类似的时代审美环境中产生，两个独立完成的作品表现了同一题材，一个激烈，一个却相对平和，这更加可以说明，差异不是来自温克尔曼解释的原因，而是来自莱辛解释的原因了。

莱辛首先把这个具体的雕塑和诗歌进行了比较：在诗歌里拉奥孔大声哀号，在雕塑里从他的面部表情看只是有一丝叹息；在诗歌中两条大蛇把拉奥孔和他的孩子团团围住，它们在他的腰上缠了三道，在颈上绕了两道，而在雕塑里，它们只是绕在他的左腿上；在诗歌里，拉奥孔穿着祭司的衣服，但在雕塑里，他们父子三人都是裸体。

然后他解释为什么会有这样的差异。诗歌艺术和绘画存在着基本的界限：其一，诗歌以语言为媒介，语言的各个部分是在时间中先后出现的；绘画以色彩和线条为媒介，色彩和线条的各个部分是在空间中同时出现的。这就是我们常说的，诗歌是“时间艺术”，而绘画是“空间艺术”。其二，

1

1 利思维斯卡，《莱辛肖像》
1768，油画

由于媒介不同，所以诗歌比较适合于表现流动的行为和动作，因为行为和动作也是在一段时间中先后完成的；绘画则适合表现静止的事物。它们适合表现的题材不同。其三，对读者或者观众来说，两者刺激的接受感官也不同。诗歌主要刺激听觉，而绘画主要刺激视觉。由于诗画这样的区别，所以诗歌在表现那些激烈、痛苦乃至“丑”的形象时，要比绘画更适合，因为诗歌可以把并列的形象转化成时间上延续的东西，人们通过听觉以及对听觉的回忆在脑子中逐步形成形象，丑的形象不会一下子向人倾倒过来，导致审美心理上的不快和反感。诗歌“拉奥孔”可以哀号，表情和身体可以扭曲，大蛇可以把他全身缠住，这都不会让人感到过于恐怖或不快。但绘画和雕塑不能这样，它们在表现形象的时候，形象的整体是同时出现在观众面前的，同样的“丑”表现在绘画里就要比表现在诗歌里对人的刺激大。所以绘画就要把原本过于恐怖的形象冲淡一些表现出来。而且，造型艺术追求形象上直观的美感，它要遵循诸如比例关系、色彩搭配之类的规律。所以在雕塑“拉奥孔”里，如果拉奥孔是穿着衣服的，那他身体因剧烈运动所具有的肌肉美感就难以表现，如果大蛇把人的身体完全缠绕，不但没法表现人体美，而且割裂了整个画面，使得构图上失去平衡之美。让蛇仅仅缠住人物的左腿，恰恰起到了扬长避短的作用。

莱辛比前人高明的地方在于，他不光从具体的作品中系统地指出了诗歌和绘画的差异，而且还指出了两者相互转化和沟通的可能。诗画一体，这在我们看来可能是一个常识问题，在中国，诗人们向来有倡导“诗中有画，画中有诗”的意境传统，比如唐朝的大诗人王维（701—761），既是诗人又是画家，而且在很多时候做到了两者的融合。不过，我们可能没有深想过的问题——两者转化的内在规律到底是什么样的，莱辛去想了。

他认为，绘画要想表现诗歌的内容，也就是说要“化动为静”，就得用静态的事物暗示行为或动作，要选取行为过程中某一个“有意味的瞬间”，这个瞬间应该能够把这整个动作的前后关系暗示出来，同时又应该让人的想象力有活动的余地，能调动观众通过想象把整个动作在他的脑海中完成。比如说，古希腊雕塑《掷铁饼者》，静态的雕塑选取了人将要掷出铁饼前的那一个瞬间，已经通过人物动作的方向、身体的形态，暗示了他掷铁饼的过程，我们看到这尊作品的时候，其实除了欣赏到了它的静态美，也能够在脑

海中浮现出像读一首关于掷铁饼的诗歌那样的情景了。

相反地，诗歌要表现出绘画感，就得“化静为动”，莱辛认为这大致有三种方法：第一，借动作暗示静态。中国传统诗歌中有“炼字”一说，很多时候“炼字”就是在找一个反映动作的字，贴切诗意地把一个静态的画面表达出来，比如有“红杏尚书”之称的宋代词人宋祁（998—1061）有“红杏枝头春意闹”一句，其中的“闹”字，可谓化动为静的妙手，其他如贾岛（779—843）诗句“鸟宿池边树，僧敲月下门”的“宿”和“敲”字，韦应物（737—792）诗句“野渡无人舟自横”的“横”字也是个中精粹。这样的例子不可胜数。第二，通过描述静态物体产生的效果，来暗示事物的美。典型的例子，是荷马史诗中，当打了十年的仗、九死一生的希腊老兵们，终于亲眼看见了海伦的时候，他们说，为了这样的女人打十年的仗，

1

1 王维，《江干雪霁图卷》唐代，31.3厘米×207.3厘米，现藏于日本

值了。诗人没有正面描写海伦之美，但她的面容在人们的脑海中一下子就像一幅画那样出现了，尽管每个人脑海中的画并不一样。第三，是所谓的“化美为媚”，媚是动态的美，描述动作的诗歌可以直接地表现“媚”，然后以媚反观其美，绘画感就油然而生了。

莱辛的著作《拉奥孔》可谓是一本教科书式的美学著作，既生动，理论性又强，既指出了诗画的根本差别，又对“诗画同源”的可能加以解说。看来莱辛是一个把实践和理论结合得很好的人，一个善于对事物矛盾的两面进行思考的人。这一点，在他的另一部名著《汉堡剧评》中同样能够体现出来。

《汉堡剧评》，是很多篇对当时在新兴的“汉堡民族剧院”上演的剧目的评论合集，似乎是一种实践性的文学评论，而非理论著作，但实际上，这部著作把理论和实践结合得非常好。它既为莱辛在实践中倡导“市民剧”提供了理论依据，又为他的戏剧美学找到了一种恰当的表达途径。在《汉堡剧评》中，莱辛实际上一直在试图解决这样一个问题：既然对戏剧美学来说，亚里士多德的理论难以推翻，那就要证明是英国的莎士比亚而非法国的高乃依、拉辛的戏剧更加符合亚里士多德发现的戏剧规律。因为莱辛所倡导的“市民剧”，与狄德罗的“严肃剧”一样，都是以英国戏剧为蓝本的。

他是如何做到这一点的呢？首先，他认为亚里士多德所说的悲剧“引起恐惧和哀怜”从而使情感净化，并不是如高乃依所理解的，两种情感可以分离，恐惧和哀怜是联系在一起的。悲剧应唤起的是人对于同类人的同情，是对一类人共同命运的共同的哀怜和恐惧。它是要把“小我”和“大我”统一起来。因此，道德内容在戏剧中的重要性显露了出来，他说：“净化不是别的，只是把情感转化为符合道德的心习。”（《汉堡剧评》第 78 篇，P397，上海译文出版社，1998 年 8 月版）这和狄德罗的思想几乎是一致的。在对待戏剧美学的老问题——“三一律”的时候，他认为新古典主义者没有真正理解亚里士多德：亚里士多德真正重视的是“情节一致”，而“时间一致”、“地点一致”要符合前者的要求才行，如果死守后两者，造成了“情节”的不一致，那就是舍本逐末。他强调文艺和戏剧的真实性，人物的性格要和他所处的环境结合起来，这也类似于狄德罗关于“情境”的论述。他说：“在剧院里我们所关心的并不是某一个人物做了什么，而是具有某种性格的人物在某种环境里照理会做什么事。”（《汉堡剧评》第 19 篇，P101，上海译文出版社，1998 年 8 月版）在这里，他把亚里士多德所说的“可然律和必然率”、“近情近理”、“逼真”一类的观点，与人物的性格和他所处的环境的关系联系了起来，这实际上是在倡导表现人物真实的“个性”，而非新古典主义那种“类型”人物，这是启蒙主义思想的一个重要主题。

总体说来，莱辛在德国启蒙主义美学家中，算是最“前卫”的了。他是德国启蒙主义美学家中，最接近法国启蒙主义者的人，虽然他没有激进的革命一类的思想，但他是把古典主义美学理想和德国现实的文艺状况联系在了一起，对德国后来的美学和文艺的发展意义重大。不论是大诗人歌德或席勒，还是大哲学家康德或黑格尔，都承认莱辛对德国乃至他们本人的影响。从这个意义上说，虽然莱辛身后德国社会没有发生什么重大的变革，但莱辛依然是一个成功的启蒙者。

第四章

正襟危坐的集大成者——德国古典美学

德国古典美学是德国古典哲学重要的部分，它是在理性主义和经验主义思想的基础上，又经法德启蒙主义的影响逐步形成的。其所谓的“古典”，和希腊罗马的古典主义，或者是法国的新古典主义的“古典”不是一回事。因为不论是从时间还是从内容上讲，相对于古典主义来说，德国古典美学都是很超前的，似乎一点也不“古典”。那为什么要给它加上“古典”这个定语呢？它的“古典”是相对于“现代”而言的。我们知道西方的近代文明是从文艺复兴开始，整个古代和近代的思想都是围绕着一个最根本的问题展开的——“世界的本原是什么？人怎样认识世界的真理和本原?”这就是所谓的“本体论”。但是“现代”思想从某种程度上讲回避了“本体论”，而是更多地追问“人在世界中的生存状态应该是什么样的”这样的问题。这是所谓的“存在论”。德国古典美学可以说是“现代”以前（19 世纪中叶以前），本体论思想在美学当中取得的最高成就了。这其中，康德、黑格尔等人把“美学”纳入到他们庞大的哲学体系中讨论，不仅在美学体系化的过程中贡献巨大，而且还起到了集前人大成，开后世先河的作用。

>>>

“我头顶上有着灿烂的星空，我心中有着永恒的道德法则”
——康德之“美”

德国人的民族性格，在康德（Immanuel Kant，1724—1804）身上体现得十分明显。严谨，精确，甚至有时显得缺乏趣味；喜爱思辨，长于建构庞大的体系。同样是谈论美学，莱辛这样的人会从文艺谈起，而康德这样的人似乎对文艺并没有太大的兴趣，只是对概念和逻辑充满了热情。

康德所处的时代环境，和莱辛或温克尔曼一样，都是启蒙主义思想盛

1

1《康德肖像》

行之时。虽然康德持一种新兴资产阶级自由主义的思想，对人的权利和个性自由也相当看中，甚至在政治态度上，他和其他的德国启蒙主义者一样，对法国大革命也抱有同情。但这些我们似乎只能从他的著作中找到一些痕迹，他的个人经历相比较于莱辛或温克尔曼来说，实在是太简单，和时代的风云离得太远了——那是一种典型的“象牙塔”中的学者生涯。康德一生，先是求学，然后在大学任教，在书斋里治学，没有像温克尔曼那样出过什么远门，也不像卢梭那样有什么传奇性的经历，也很少和当时其他的思想家们有这样那样的纠葛。他的生活单一而又非常有规律，据说当他在家乡的小城写作的时候，每天出门散步的时间和路线几乎完全一致，城里的人们看见康德先生走过自家门前，他们就可以拿出钟表来对表——钟表每一天可能会有误差，但康德先生的作息时间是不可能有丝毫误差的。康德一生没有结过婚，甚至也很少看到有关他有什么情人的记载，《大英百科全书》当中关于康德的条目中写道：“因为他从来没结婚，他把热心向学的青年时代的习气保持到了老年。”（转引自罗素《西方哲学史》下卷，P249，商务印书馆，1976 年版）没有社会、家庭的“干扰”，康德似乎成了歌德笔下

“斗室中的浮士德博士”的现实原形，把他所有的精力都用来玄思冥想了。

康德的美学，不是他关于具体的艺术经验的总结，而是他庞大的哲学体系中的一个环节，所以要理解他的美学，首先有必要对其哲学体系有个大致的了解。

康德一生最重要的著作有这样几本：早期的自然哲学著作《自然通史与天体理论》，著名的“三大批判哲学”——《纯粹理性批判》、《实践理性批判》、《判断力批判》。“纯粹理性”是人的一种心智能力，对应客观世界的知识；“实践理性”对应跟人的意志和欲望有关的道德；“判断力”是人介于两种理性之间的另一种心智能力，它对应的是“美”。从其哲学思想来源上说，康德是在力图把经验主义和理性主义两者结合起来，理性主义是西方思想的传统，经验主义是对这种传统的反叛和反思。这其中对他影响最大的有两个人，一个是休谟，一个是卢梭。休谟启发了康德用一种“怀疑”或者说是“批判”的态度看待世界，看待人对世界的认知：事物之间是否存在着一种确定的因果联系，这是一个问题；人凭着理性或者经验是否能把握事物的真理，这也是一个问题。卢梭给他的是“人有权利也有能力根据他自己的意志行事，人的行为要符合他自己的目的”这样的启蒙：这在卢梭那里是一种社会和政治层面上的“人权”学说，而康德把它引申到哲学层面，把人的本质定义为一种“合目的性”。

康德的哲学体系庞大复杂，本书的篇幅和笔者的能力都不允许详细解说。粗略地看，它有以下一些基本的方面。

其一：在早期研究科学哲学的时候，康德曾提出关于宇宙起源的“星云假说”，这虽然是一个假设，在当时康德没法证明它，但却表现出了对近代科学因为没法解释物质世界的起源，而把所谓的“第一推动力”归结为“上帝”的怀疑。我们知道，牛顿有力学三定律，但在解释“第一推动力”的时候依然是无力地找到了上帝。可以这么说，是康德第一个把“上帝”从科学的领地中赶了出去。不过，在他的“三大批判”中，特别是在解释和实践理性相关的道德的时候，他还是把问题归结到类似宗教式的信仰上，这还是给上帝留了位置。至于说最后颠覆西方理性和道德传统，那是到了尼采大呼“上帝死了”的时候；那是“现代哲学”才能得出的结论，“近代”的康德是无论如何也做不到的。

1

1 库贝尔，《画室》
1855，布面油画，359厘米×598厘米，法国奥赛美术馆

其二，康德关于物质世界有一个很有独创性的思想：不再把事物看作是单一的，而是“物自体”和“现象”的统一体。人类认识的只是“现象”，对于“物自体”，人们后天的经验无能为力，只能凭借着先天的理性去把握。比如说，我们看见一个水杯放在房间里，人们凭着视觉经验“看见”它在那儿，它的形状、颜色、材质似乎人人都可以认识。但这只是“现象”，人自以为认识到了物体本身，那是因为这个时候“现象”和“物自体”结合在一起。一旦人转过身，或者离开房间，对人来说“现象”就消失了，杯子还在不在，它是什么样的，对人来说其实是“不可知”的。对事物进行这样的分别，康德实际上是想把“经验”和“理性”结合起来，这就是所谓的“先验”，所以康德哲学除了被人们称为“批判哲学”以外，又被叫作“先验哲学”。

其三，康德不再带着一元的、独断的眼光去看待事物，而是从事物矛盾的两个方面去分析，他自己把这叫作“二律背反”。他的哲学思路大体上是这样的：先界定一些“先验”的范畴（在这里，“范畴”可以理解为“概念”的意思），他就找出了“质”、“量”、“关系”、“模态”这四个最基本的范畴，

然后用“二律背反”的思路，逐个分析事物（知识、道德、美）在上述四个范畴中的特征，然后找出矛盾折中、平衡的那个点，形成结论。我们都知道“辩证法”，知道事物发展总是按照“正”（肯定）、“反”（否定）、“合”（否定之否定）这样螺旋式上升的方式发展的。康德哲学虽然还达不到黑格尔（Georg Wilhelm Friedrich Hegel，1770—1831）和马克思（Karl Heinrich Marx，1818—1883）那样“辩证”的程度，但在思路上，“二律背反”基本上可以说是思辨逻辑上的“辩证法”了。

康德的美学不仅自身成体系化，而且还是一个更大的体系中的一个重要环节：美沟通了知识和道德。可能是因为这一点，也可能是因为康德“二律背反”地讨论美，这很对讲求“辩证法”的黑格尔的胃口，所以黑格尔说：“在美学方面，康德说出了第一句合理的话。”

我们具体看看康德是怎么说的。

康德是把他的美学当作沟通理论理性和实践理性的中介来构建的。在康德看来，这种沟通之所以是可能的，是因为“审美快感”兼有“认识”和“欲望和意志”两方面的特征，“判断力”的性质是在合目的性的观念中

1 | 2

1 雷内 · 马格利特，《错误的镜子》
1928，布面油画，54厘米×80.9厘米，纽约现代艺术博物馆

2 雅各布 · 施莱辛格，《黑格尔肖像》
1831，油画，德国旧国家画廊

把理性（统一）和知性（多样性）这两方面的特征联系起来，进而“审美判断”才具有了自然与自由，可感觉之物和可理解之物间才有会合点。《判断力批判》完成之后，康德整个批判哲学体系才真正形成，而且，以目的论为中心的美学在次一级由质、量、关系、模态四个范畴联系，也自成体系。康德美学体系中，先验逻辑是出发点，首先无条件地假定人类存在着“审美共通感”和“普遍的审美判断力”，这是基础。在形式逻辑的推演过程中，康德的美学体系显露出相当的悖论；这种悖论不乏康德自己期望的辩证法的因素，但有些地方也反映出康德美学思想中的自相矛盾之处，不过，也正是因为这一点，更增加了其美学体系的开放性。

我们有必要先来分析一下康德审美判断的四个范畴，然后才好找出其中的矛盾，才能看出矛盾的意义。

鉴赏判断是审美判断力起作用的实践形式，在“质”这一范畴里，康德说：“鉴赏是凭借完全无利害观念的快感和不快感对某一对象或其表现方法的一种判断力。”（康德《判断力批判》上卷，P47，商务印书馆，1964年版）——这是在说“美”的无功利性。就是说，构成鉴赏判断主体和对象之间的快感是与一切利害无关的。那何谓“利害”，从康德的论述，还有诸如鲍桑葵等人的解释中，可将其定义为：一个对象的存在的观念所引起的快感。它与对象单纯的表象或感性观念所引起的快感是有区别的，而审美快感是后者。比如说，当人看到美丽的花朵的时候，使他产生审美快感的，不是因为这株植物可以拿来药用，或者是因为其罕见，拿回去可以卖个好价钱，而是因为它美，除此之外再也没有什么现实的功利性了。可见美既和愉悦性不同，又与善不同。因为后两者均来自意志力，“善”通过道德（意志力的高级形态、理性）涉及客体存在，“愉悦”通过感官（意志力的低级形态、人的动物性）涉及客体存在；而“美”不涉及客体存在，只涉及表象形式，由主观感觉决定。

在“量”这一范畴里，康德说：“美是不凭借概念而普遍令人愉快的。”（康德《判断力批判》上卷，P57，商务印书馆，1964年版）——这是在说“美”的普遍性。在一般情况中，人运用纯粹理性形成带有普遍性的知识，这种普遍性是客观的，它凭借概念，但不引起人的快感。审美判断的这种普遍性则是“主观的普遍有效性”，这种主观的普遍性又是特殊的——康德

认为，审美判断中，判断在先，愉快在后，就是其特殊性所在。这就是说，审美判断作为一种判断，虽然不是知识，但它还是和认识有一定联系，和概念有一定关系，因此康德才把“普遍有效性”归于这种不是认识又关乎认识的特殊的心意状态。可见，康德对美在“量”上的界定：不凭借概念但又具有一种特殊的主观普遍性。

在“模态”范畴，“美是不依赖概念而被当作一种必然的愉快的对象”。——这是在说“美”的必然性。康德把美的必然性和普遍性放在一起

1

1 莫奈，《睡莲》

1906，布面油画，87厘米×92厘米，芝加哥艺术学院

来论述，因为它们都是以“美的普遍性和必然性都是一种特殊的主观性”为解决逻辑难题的钥匙。康德认为审美判断的必然性是“一切人对一个判断的赞同的必然性”，它的特殊的主观原理表现为“只通过情感而不通过概念，仍然普遍有效地规定着何物令人愉快，何物令人不愉快。一个这样的原理只能是共通感”(康德《判断力批判》上卷，P76，商务印书馆，1964年版)，因为具有这样一种先验的共通感，美的对象必然会引起主体的美感。康德又一次找到了一个内在的先验的心意状态，来解释悖论。

美的“关系”范畴是康德美学中悖论最显著的体现。他说：“美是一对象的合目的性的形式，在它不具有一个目的的表象而在对象身上被知觉时。”——这就是康德著名的关于美是一种“无目的的合目的性”的论断。“无目的”指“美”不是为了认识和欲求，这使美不仅不同于愉悦和善，而且区别于完善性；而“合目的性”是指：和人的心意机能相互和谐活跃，在更高层次上把握世界的目的，是对象的表象形式合于心意诸能力的合目的性。也就是说，是审美对象和审美主体之前的一种和谐相符的状态。可见这里的目的论，不是客观的，也不是一般的主观的——康德又用了一遍解决悖论的老办法。

康德“美的四个二律背反”中有很强的辩证法色彩，然而，可能是由于建立一个体系的愿望过于强烈了，康德美学里还有不少牵强的地方。评价康德美学，是一个非常吃力的事情，笔者才疏学浅，只能就有限的阅读谈几点粗浅的看法。

首先，康德反复说到，美不同于知性也不同于理性，不是感觉也不是理性，但又无法避免知性在审美判断时的介入，尽管这种介入是以作为“心意诸能力”这一先验假设的组成部分的方式完成的。与此同时，康德在谈到美与道德的时候，又说，美是道德性的象征。我们从四个悖论的反面来看，是不是也可以说康德一直想证明的是：美就是真正的感觉，同时又是合理的东西呢？如果可以这么说的话，那就可以说“存在一个感官与理性、知性之间普遍而必然的统一”，这样，就又与康德用先验的假设来作为逻辑基点的做法矛盾了。

其次，康德强调鉴赏判断具有“特殊的主观性”，但对其特殊在何处语焉不详。其实，这是一个逻辑难题，因为很难解释一种具有普遍有效性的

感觉怎么能保持把客观性排除在外的那种主观性。在这里，“特殊的主观性”成了“抽象的主观性”，没有实际的内容。但康德自己说过，鉴赏判断与抽象的概念无关。

这又引出第三个问题：康德美学体系中“抽象”和“具体”的矛盾。关于这个问题，美学史家鲍桑葵有着很有启发性的论述。他说：“康德的原则是，没有抽象的概念，就不可能有客观的判断，而美则不涉及抽象的判断。只要康德绝对忠于这一原则，就可以由此得出结论说，美的快感，虽然具有理性的种种形式属性——无关利害性、普遍性、必然性——然而按照假定却是毫无内容的，也就是说，虽然审美快感是靠了对这些形式进行观照而产生的，就这些形式的积极意义来说，美的快感中却没有任何内容。”（鲍桑葵《美学史》，P347，商务印书馆，1986年版）在鲍氏看来，康德一方面想要万无一失地抱着审美快感的抽象资料不放，另一方面又意识到如果不给它找到一种内容，那他的形式说就空洞无物了。康德把基本的几何图形从美的领域排除出去的做法（因为它们接近抽象概念，与美的规定违背），就是一个例子。没能对具体的美的快感的形态进行分析，这可能是康德高出传统经验主义美学家的地方，但也暴露了先验主义者在绌处的“失语”。

1 | 2

1 达·芬奇，《吉内薇拉·班琪肖像》
1474，42.7厘米×37厘米，华盛顿国家美术馆

2 《吉内薇拉·班琪肖像》背面

还有一点，就是关于美的“多样性的统一”的观念。在康德那里，统一或多样性中的统一很难说与整体性的概念没有关系，而整体性的概念却是一种先验的理性概念，在这里判断力和概念还是联系到了一起。人们可能无法对先验的理性概念获得确切的认识，但它对实践来说无疑是具有调整作用的。这也许就是康德美学扭扭捏捏不承认知性的作用，却大胆宣称“美是道德性的象征”的一个原因吧。

整体上的康德美学，不过是为了最终引出他的道德哲学。所以他会说“美是道德的象征”。康德从研究自然哲学，研究天体论开始了他的学者生涯，然后他通过研究人的“纯粹理性”去研究“认识”，通过研究“判断力”去研究“美”，最后引出了他最终的目的——通过研究“实践理性”去建构“道德”。这样的学者之路可谓用心良苦、充满艰辛：康德看上去是一个不谙世事的人，却用这样的方式关注着人在社会的行为准则——道德。康德对自己的一生有着精准的评价，他知道自己学者生涯的起点和终点是什么，所以他让后人在自己的墓碑上刻上了这样两句话：我头顶上有着灿烂的星空，我心中有着永恒的道德法则。

美学家中的大诗人和诗人里的美学家
—— 歌德与席勒

歌德（Goethe，1749—1832）和席勒（Schiller，1759—1805）所处的时代，是所谓“狂飙突进运动”的时代。前有启蒙主义思想，后有古典主义和浪漫主义运动的此起彼伏，这个时代一方面充满激情，另一方面也让各种思想在一起激烈地交锋和融合。所以歌德和席勒所受到的文化背景的影响也是多重的，特别是歌德。他早年喜爱巴洛克艺术，着迷于法国新古典主义戏剧，对德国本土的哥特风格的建筑和艺术不屑一顾；青年时代他受到了德国民间文学、莎士比亚戏剧的影响，开始倾向浪漫主义，25岁的时候，他写作了著名的小说《少年维特之烦恼》，就把浪漫主义所推崇的个性解放和个人自由的精神表达得淋漓尽致了。歌德身上，曾一度沾染上了当时德国上层社会的鄙俗气，这和他12年为魏玛宫廷服务的生活有关。从1775

1 安吉莉卡·考夫曼，《歌德肖像》
1787，布面油画，64厘米×52厘米，魏玛歌德国家博物馆

2 格哈德·冯·曲格尔根，《席勒肖像》
1808—1809，布面油画，73厘米×61厘米，法兰克福歌德之家

年到 1786 年，歌德一直担任魏玛的枢密顾问一职。这样的生活让他一直在“天才诗人”和“庸俗官吏”两个角色间矛盾游移，开始他还觉得自己可以把两者结合起来，后来他发现这样的生活会最终毁了他，所以就离开了魏玛，去意大利游学了三年。从这个时候开始，古希腊罗马乃至温克尔曼和莱辛的古典主义思想开始影响他，让他力图把浪漫主义和古典主义结合起来，找到一条德国文学的正确之路。席勒也是从浪漫主义转向古典主义的，所不同的是，他的这种变化，更多的不是来源于文艺的影响，而是哲学和美学。席勒是康德的信徒，他觉得用康德的美学理论来指导文艺的创作，那是德国文艺的正确道路。

他们都是沟通了文艺和美学的人，既是美学的研究对象又是美学家，但在具体的道路上，歌德和席勒却表现出了巨大的差异：歌德倾向于从客观世界出发，从具体的文艺出发，是在“特殊中现出一般”；而席勒则倾向于从主观出发，从哲学和美学的观念出发，“为一般而寻找特殊”。所以，在两个人的差异方面，我们可以把歌德称为“美学家中的大诗人”，把席勒叫作“诗人中的美学家”。

然而在目标上，席勒和歌德是一致的，这是他们自 1794 年相识，然后就能够把个人友谊及思想和创作上的亲密合作一直保持到席勒逝世的基础。在两人的交流中，他们各自吸取了对方的长处：是席勒让歌德理解了康德，

是歌德让席勒喜欢上了莎士比亚，从抽象思维与艺术想象的矛盾中解脱了出来。对西方文化和德国文化来说，歌德和席勒的相遇，是一个重大的历史事件，象征了两种美学方法找到了平衡点，存两者之长，去两者之短。作一个可能不恰当的类比，其意义就像马克思和恩格斯的握手对于革命的重要性。

在美学上，歌德和席勒有一些共同关注的问题。最明显的就是关于古典主义和浪漫主义的区别与结合的问题。歌德在1830年的时候，回顾当年关于这个问题的讨论时说：

> 古典诗和浪漫诗的概念现在已传遍了全世界，引起了许多争执和纠纷。这个概念原来是由席勒和我两个人传出去的。我主张诗要从客观世界出发的原则，认为只有这种诗才是好的。但是席勒却用完全主观的方式写作，认为他走的才是正路。为了针对我而辩护他自己，席勒写了一篇论文，叫作《论素朴的诗和伤感的诗》，他要

1 2 3

1《在维特墓前的绿蒂》
1790，插画，25.5厘米×31厘米

2 缇士拜恩，《歌德在意大利》
1787，布面油画，164厘米×206厘米，德国施泰德艺术馆

3《席勒与歌德》
德国魏玛

向我证明：我违反了自己的意愿，实在是一个浪漫主义者……

——《歌德谈话录》1830 年 3 月 21 日

歌德持一种推崇古典而批评浪漫的态度。他提倡的“古典”，不是新古典主义讲的那种僵化的古典；他反对的“浪漫”，也不再是启蒙主义运动时期有着积极意义的浪漫。他认为古代作品之所以是古典的，并不是因为它们是古代的，而是因为它们是强壮的、新鲜的、欢乐的、健康的；而近代作品之所以是浪漫的，并非因为它们是新的，而是因为它们是软弱的、感伤的、病态的。他用这样的表格，指出了两者在各个层面上的差异：

古典的	近代的
纯朴的	感伤的
异教的	基督教的
英雄的	浪漫的
现实的	理想的
必然	自由
职责	意愿

这个表格中的前几个对比都好理解，最后两个似乎有些晦涩。他的意思可能是这样的：古典的艺术是符合现实和自然的内在规律的，是对自然真理

的一种追求，因而从其客观的层面来说，它反映的是“必然”，从其主观层面来说，它反映的是人要去追求必然的“职责”。浪漫的艺术更多的是从人的感受出发，可以是对现实和自然规律的变形和超越，因而从其客观层面上说，它的内容是表现“自由”，从其主观层面上说，它表现的是人的“意愿”。古代诗歌中，突出的是职责和完成之间的不协调；在近代诗中，突出的是意愿与完成之间的不协调。当然，歌德这样的区分只是一种理想状态，在现实中，浪漫的与古典的有时是纠缠在一起的，比如歌德认为他钟爱的莎士比亚，其独特之处就在于用一种和谐的方式把古代诗和近代诗结合起来，在其剧本中始终力求意愿和职责达到平衡。可见，歌德推崇古典，并不是完全地贬低浪漫，而是在通过这样的区分，表达出一种美学理想。

在这个问题上，席勒说得更加清楚、更加理论化。在歌德提到的《论素朴的诗和感伤的诗》中，席勒没有像歌德这样就事论事地从各个层面“散点透视”，而是从“自然”这个概念说起。席勒所说的“自然”，是经由康德，来自卢梭的，它既是外在于人的自然现实，又是人的自然天性。他认为人对“自然”对象都有着一种与生俱来的爱，其原因在于：

> 这些对象就是我们自己曾经是的东西，而且还要再是的东西。我们曾经是自然，像它们一样；我们的文化修养将来还必须遵循着理性和自由的道路，把我们带回自然。所以这些对象就是一种意象，代表着我们失去的童年，这种童年对于我们永远是可爱的；因此它们在我们心中就引起一种伤感。同时他们也是一种意象，代表着我们的理想的最高度的完成，所以他们激发起一种崇高的情绪。

在古典的素朴的诗歌之中，由于人还没有失掉自然的天性，人还处在一种童年的快乐之中，所以在面对自然时并不感到惊奇，不会迫切地追求自然，也不会对自然带有一种“怀乡病”式的感伤。比如在希腊诗歌中，诗人们感觉人本身就是自然，所以他们关心的就是人本身，是人的性格和行动，而且还把自然加以人格化，用一种平静的心理把“自然中的必然规律”转化成“人自由的行动”。而近代的感伤的诗，是在人业已失去自然的

1

1 布朗库西，《吻》 1912，石灰石，高58.4厘米，费城艺术博物馆

前提之下，依靠文化修养，也就是审美教育，重返自然的过程中产生的，其心理过程因失去原初的自然而感伤，因终于重返自然而产生一种崇高的情绪。席勒得出这样的结论：

> 诗人要么就是自然，要么追寻自然，二者必居其一。前者使他成为素朴的诗人，后者使他成为感伤的诗人。

当然，席勒也注意到：并不是所有的古典诗人都是素朴的，古代也有伤感诗人，比如贺拉斯就是，因为他已经开始歌颂他那宁静快乐的田园生活了；而近代也有素朴的诗人，比如莎士比亚和歌德，歌德在《少年维特之烦恼》中，就是在用素朴的方式来处理感伤的题材。这说明，素朴的诗和感伤的诗之间，存在着统一的可能性。在这个问题上，席勒语焉不详，不过在更直接谈论审美的《论美书简》和《审美教育书简》里，他又涉及了如何综合古典主义和浪漫主义，形成理想的艺术的问题。

综合古典主义和浪漫主义，从理论上说就是如何综合“美的主观性”和“美的客观性”的问题。席勒继承了康德关于事物“形式”和“材料”的划分，认为在一件完美的艺术品里，材料应该消融在形式里，也就是说，艺术

1 2

1 **弗里德里希，《雾海上的旅人》**
1818，布面油画，98厘米×74厘米，汉堡美术馆

2 **弗里德里希，《海上月升》**
1822，布面油画，55厘米×71厘米，德国旧国家画廊

模仿现实的媒介的性质应该和被模仿对象的形式融合为一体，用大理石雕塑，用颜料绘画，或者是用文字创作诗歌，这些客观媒介的性质不应该成为影响艺术美的形式的羁绊。同样，艺术家，也不应该为了展现自己的特殊性格、特殊作风，而损害到被模仿对象具有的美的形式。席勒认为理想的风格其实是摒弃了矫揉造作的“特别作风”之后，而形成的一种“纯粹客观性”。可见，席勒认为不管是客观的材料，还是主观的创作者，都不应该使得“美”的形式受到损害，似乎美的这样一种客观性是与生俱来的。我们还记得莱辛在《拉奥孔》里谈论的诗歌和绘画因为媒介的不同，而导致的区别。席勒在这里的观点从某种程度上，否定了莱辛。这不奇怪，席勒是康德的信徒，康德是特别强调“美”的先验形式的。但我们也应该注意到，席勒在这个问题上，发展了康德，他不把“形式”理解成一种抽象的外在于作品的形式，而是把“形式”看作是“想象力所掌握的完整的具体的形象”。这是席勒受到歌德影响的结果——歌德作为艺术家，总是从具体的形象出发。

所以，在《论美书简》其中的一封《论艺术美》中，席勒表达了这样的观点：康德认为“自然美”是一个美的事物，“艺术美”是一个事物的美的形象显现或表现，这是不错的，但还应该补充一句，“理想美”是一个美的事物的美的形象显现或表现。席勒讲这样绕口令一般的话是什么意思呢？这是在说，理想的美，实际上是自然美（完全客观的美）通过艺术美（主观参与的客观美）的表现，是一种形式和形象的结合，是主观和客观的结合。

在“艺术美”这个问题上，歌德比席勒更加强调艺术家创造性的劳动。他认为艺术家一方面是自然的奴隶，要模仿自然；另一方面也是自然的主宰，席勒所说的“事物的美的形象显现或表现”，在歌德这里，不是一个自动的过程，而是艺术家通过理性和想象力的作用，使得自然的材料服从他的“较高的旨意”，同时用一种“完整性的形象”展现出来。这里面涉及这样两个美学问题：

歌德所说的“较高的旨意”实际上是和道德相关的，他自己说过：“艺术应该是自然的东西的道德表现。同时涉及自然和道德两个方面的对象才是最适宜艺术的。”（《关于艺术的格言和感想》，转引自朱光潜《西方美学史》下卷，P82）。把艺术看作是“自然”和“道德”之间的东西，这可以看出康德的影响。席勒曾一度大肆鼓吹审美教育的重要性，他把人的发展分为

1

1 妮基·桑法勒，《守护天使》
1982，纸黏土、聚酯和铁线，苏黎世中央火车站大厅

三个阶段：第一，人在他的物质状态里，服从自然的力量，这时他是“感性的人”；第二，人在他的审美状态里，他摆脱掉自然的力量，这时他是“审美的人”；第三，人在他的道德状态里，他控制着自然的力量，这时他是“理性的人”。其中间状态是一种“审美自由”，席勒把“美”看作是沟通自然和道德的途径，看作是人追求自由、自我完善的必由之路。

歌德所说的“完整性的形象”，实际上是一个“艺术典型”的问题。歌德把古典主义的美学理想看作是“健康的”、“完整的”，艺术如果能够把一件事物按照它的本质最完满地显现出来，就是健康完整的。要做到这一点，就需要在艺术创作中创造“典型”——既能够表现事物的特征，又能够表现其普遍性，达到个体与整体的统一。后来恩格斯，以及很多的现实主义美学家都指出，现实主义的创作方法应该是“表现典型环境中的典型人物”，歌德在这里指出的“完整性的形象”，已经具有了很强的现实主义的意味了。这也是，为什么我们有时候把歌德提倡的“古典主义”，大致等同于现实主义的原因。

席勒在美学上，还有一个著名的观点，那就是所谓的“游戏说”。以他人的发展“三阶段”论为基础，席勒认为，只有当人摆脱了具体的物质和功利目的的时候，审美才有自由，艺术才会产生。那么，从艺术产生的动力的角度看，艺术应该是来源于人超越了现实功利目的的“游戏冲动”，就像是“狮子吃饱之后的吼叫”一样，人在精力过剩的时候，进行审美和艺术创作。这是对康德“美”和现实利害关系无关的看法的发展。不过我们能发现这其中有问题，艺术创作的自由状态确实和“游戏”有几分相似，但如果只从人的动物性的角度解释游戏，看作是精力过剩的产物，那么如何解释现实

1	2

1 罗丹，《思想者》
1880—1900，青铜，198厘米×129.5厘米×134厘米，巴黎罗丹美术馆

2《思想者》局部

中存在着“饥饿艺术家”的现象呢？人可以在没有温饱的时候照样进行艺术创作，他们的游戏，并不是因为精力过剩。在这个时候，可能重要的不是人的动物性在起作用，而是人精神上的自由状态和自由追求在起作用了。

所以，歌德在谈到类似的问题时指出，理想的艺术应该是“严肃”和“游戏”的统一。他还把这个问题，和多个层面的问题结合在一起，制作了下面的表格：

纯然严肃	严肃与游戏结合	纯然游戏
个别倾向	一般	个别倾向
特别作风	风格	特别作风
临摹者	艺术真实	幻想者
特征主义者	美	波纹曲线画家
杂艺家	完整性	速写者

那意思很明白：只有严肃和游戏态度的结合，才能形成他心目中的理想艺术，偏废一端、只执一端其结果都不美妙。

歌德喜欢在讨论理论问题的时候，列出一些体悟色彩很强的表格，席勒喜欢用哲学的方式一层层地讨论理论问题或现实问题。我们又一次可以感受到两个人的差异，即便是在对同一个问题相似的论述上。

黑格尔的艺术难题

黑格尔是中国人比较熟悉的一个西方哲学家，原因很简单，我们是把他作为马克思主义最重要的一个思想来源来看的。从哲学上讲，黑格尔是近代西方哲学中客观主义和辩证法的代表人物。他的客观唯心主义出发点和柏拉图的一样，都是纯粹的“理性”或“客观精神”，但黑格尔的贡献是辩证法，客观精神或理性沿着辩证逻辑“正题、反题、合题”螺旋式上升的方式发展，就产生了现实的种种情状。“理念”是“自在自为”的，它可以认识自己，可以按照自己的内在要求发展。所以他有一句名言：“凡是现实的都是有理性的，凡是理性的都是现实的。”言下之意是说，现实的历史发展和理性的逻辑发展的进程是一致的，也就是说哲学的发展就是历史的发展。我们去比较一下黑格尔和康德的哲学，会有一个直观的感受：康德哲学充满了反思和不可知论的影子，比如我们前面提到的神秘的“物自体”的概念。而黑格尔的却是如此具有确定性，在他看来，因为历史现实的发展和哲学发展是一致的，那随着时间的推移，知识必然是越来越深化，人们在某些阶段不可知的事物，在一个新的历史阶段一定会成为知识，现实是可知的，“物自体”之类不可知的事物说到底并不存在。

黑格尔在其《美学》中，从他的哲学基础出发，给“美”下过一个定义：“美就是理念的感性显现。”他认为，美或者艺术、哲学、宗教这样三种人类把握世界的方式，都是理念在现实中的表现形式，所不同的是：美或者艺术表现理念的形式是直接的，它使用的是感性事物的具体形象；哲学表现理念的方式是间接的，是用抽象思维把感性事物上升到普遍概念；而宗教介于两者之间，其表现理念的是一种象征性的图像思维，是用既含有个别形象又含有普遍概念的东西来表现普遍的真理，比如原始宗教中的图腾、基督教中三位一体的形象，都是用一个具体的、象征的形象直接和

普遍的宗教意义对应。

就美本身而言，从黑格尔的定义出发，它既具有感性的一面，又具有理性的一面，在艺术作品中，人们总是用有限的事物形象去表达和认识普遍真理，即所谓的寓无限于有限之中。就艺术作品而言，其内容就是一种理性因素，和道德、思想等有关，而艺术形式则是感性因素。

黑格尔认为“美学”的范围应该是研究艺术的，应该叫作“艺术哲学”。他明确地指出过“艺术美”高于“自然美”，“因为艺术美是由心灵产生和再生的，心灵和它的产品比自然和它的现象高多少，艺术美也就比自然美高多少”。（黑格尔《美学》第一卷，P4，商务印书馆，1979 年版）自然总是有限的、相对的，单纯的自然只是“自在”的，却不是“自为”的，

它没法对自己有自我意识，没有自己内在的要求。只有人，才能通过一种自我观照的方式，成为“心灵”，只有和人有关的“艺术美”才是理性与感性、内容与形式、主观与客观的统一体。黑格尔一向是一个人本主义者，他对当时兴起的浪漫主义运动中，从人的社会倒退和逃避到自然中的倾向十分反感，这也是他如此重视艺术美而轻视自然美的原因。

在西方，很多后来者对黑格尔的美学都有诟病，认为他只是在抽象地讨论艺术，而没有真正地从艺术经验入手，缺乏现实感和历史感。这样的观点有它的合理性，但在我看来，黑格尔在这一点上，并没有他们说的那么糟。从艺术修养上说，黑格尔对古希腊罗马艺术的熟悉和喜爱程度，并不比歌德差，对当代戏剧的关心也不比莱辛逊色，只不过像康德一样，他太倾心于自己建构的理论框架，总是习惯于把具体经验提升到抽象理论，再和他整体的理论框架结合起来。

黑格尔的戏剧理论，就有很强的经验色彩。他指出戏剧人物的性格应

1 | 2

1 德拉克洛瓦，《墓地中的哈姆雷特和霍雷肖》
1839，布面油画，29.5厘米 × 36厘米，巴黎卢浮宫博物馆

2 约翰·艾佛雷特·米莱，《奥菲莉亚》
1851，布面油画，76.1厘米 × 111.8厘米，英国泰特美术馆

该和他的环境辩证统一。他把这种环境称为“一般世界状况”，其表现在客观的一面，就是“情境”，表现在主观的一面就是“情致”。人的性格的发展应该起于他和一般世界状况之间的冲突。由此他提出了著名的“戏剧冲突”理论。戏剧起于“冲突”，是从冲突对于原本和谐的人和环境的关系的破坏角度说的，但冲突不是戏剧的目的，戏剧的目的是通过冲突，使人和环境之间的关系更高一层地回复到和谐的状态。进一步，黑格尔提出了一种和传统的亚里士多德式的悲剧理论差异很大的悲剧理论。他认为，悲剧是两种对立的力量的冲突和调解，从某一方来说，结局可能是受损害的，但就整体来说，悲剧最后达到的仍然是“冲突调解之后的和谐状态”，是一种“永恒正义”的胜利，所以悲剧所产生的心理效果不仅是“恐惧和怜悯”，更多的应该是愉快和振奋。他举例说，在古希腊，苏格拉底的审判和死亡是一个悲剧。苏格拉底代表的是一种新的生活理想，它和当时雅典社会的法律秩序之间，是两种力量的冲突。冲突的起源是因为苏格拉底破坏了同样有理由维护自己的法律秩序，所以，一方面苏格拉底在历史上是有功绩的，另一方面他代表的理想也是片面的，他的死是应该付出的代价。只有这样，冲突才能重新归于和谐。这才是其悲剧的真正的悲剧性所在。他说“苏格拉底的命运之所以是真正的悲剧性的，并不是取把一切不幸都看成悲剧性的那种肤浅的意义。”

很明显，黑格尔这样的悲剧理论，还是和他那个“凡是现实的都是有理性的，凡是理性的都是现实的”的观点有关，所以，尽管我们说，他的一些美学观点也和具体的艺术经验有关，但最终，还是被他很自觉地纳入了他的理论框架中了。

黑格尔讨论艺术美，第一个切入点就是讨论艺术的发展史，这不能说没有历史感。他认为，艺术美的发展经历了三个主要的阶段，表现为三种艺术形式：第一种是象征性的艺术；第二种是古典艺术；第三种是浪漫艺术。

第一个阶段是艺术发展的初级的、不成熟的阶段，这时理念还没有找到适合表现自己的艺术形式。从艺术的感性形式上，人们很难明确地见出其理性内容，所以象征性艺术往往具有神秘、暧昧的特征。早期东方民族的建筑，比如金字塔之类，往往是在用形式离奇、体积庞大的东西来象征某些抽象的思想，这时候，内容和形式不是和谐统一的，而是表现为用巨大的自然物质来压倒心灵的“崇高风格”。

第二个阶段是艺术发展的高级阶段，表现出来的是内容和形式的和谐。古希腊艺术是典型的代表。它们不再像早期东方艺术那样抽象而神秘，它们表现的神的形象总是非常具体的，总是以人的形象出现，在人体形象中，神由普遍性而转入个体形象，但在这样的个体形象中，又保持了普遍性，这才形成了那种“静穆”的风格。

第三个阶段艺术的形式和内容，感性和理性再次失去平衡，所不同的是倒向了另一端。在第一个阶段中，理念找不到感性形式，象征艺术中物质是强于精神的。而在第三个阶段中，无限的、自由的理念注定要打破第二个阶段中短暂的平衡，逃逸出有限的物质。浪漫艺术是精神强于物质。它是在更高的水平上恢复到了感性和理性失衡的状态。黑格尔把歌德曾指出的近代基督教艺术，也当作是浪漫艺术典型的代表。

沿着黑格尔的这个思路，我们不妨再想下去，经历了这第三个阶段之后，艺术往何处去呢？再次回到感性和理性和谐的状态吗？那是“理念”在后退，回是回不去了，“理念”只能向前发展，如果精神进一步地逃逸出物质，理性内容继续超越感性形式，那艺术还存在吗？如果艺术真的终结了，美学何为，世界又会怎样？艺术在什么意义上说终结了呢？——这就是黑格尔著名的“艺术难题”。

1

1 埃及吉萨金字塔

在我们看来，如果从字面上理解，这个问题似乎有些耸人听闻，因为

在黑格尔死后近两百年的今天，艺术依然存在。但黑格尔的艺术难题并非完全没有意义。

首先，他的艺术终结论并不是指艺术就完全不存在了，而是指艺术“作为人的最高需要”、“作为人把握世界的最有效的方式”的时代已经过去了，他说：“我们尽管可以希望艺术还会蒸蒸日上，日趋于完善，但是艺术的形式已不复是心灵的最高需要了，我们尽管觉得希腊神像还很优美，天父、基督和玛利亚在艺术里也表现得很庄严完美，但这些都是徒然的，我们不再屈膝膜拜了。”（黑格尔《美学》第一卷，P132，商务印书馆，1979 年版）取代艺术地位的将是宗教甚至是哲学。

其次，这个艺术难题并不完全是逻辑推演的结果。黑格尔有他的历史依据和现实依据。从历史发展看，他指出，从古希腊英雄时代发展到古罗马时代，艺术和美就开始受到了损害。“美的个体”被“法的个人”取代，罗马的精神是一种“抽象的统治”，人们在服从抽象的法律中寻找自己的尊严和知性的满足，而失去了诗意。我们在第一章谈到古希腊和古罗马美学的差异，在这一点上，黑格尔的观点有他的合理性。从现实来看，黑格尔认为他所处的社会是一种“市民社会”，其“一般世界状况”（文化社会语境）是一种“散文化的时代”。什么意思呢？就是说缺乏纯净的、诗意的把握现实的精神，而是充满了所谓的“反思”精神——这里的“反思”不是对艺术有益的，它只会使人们用一种抽象的思维方式把握世界。在近代的市民社会中，人与人是分离的，个体与整体是分离的，用后来马克思的观点说，人是处在一种“异化”的状态。黑格尔认为：“人的东西构成真正的美和艺术的中心和内容。”（黑格尔《美学》第一卷，P99，商务印书馆，1979年版），那么人异化了，艺术的解体也是相应的结果。

再次，黑格尔的艺术难题的意义，还在于它对于现代美学的影响。美学在此之前，一直是建构其和艺术的关系的，而现代美学已经讨论破坏艺术的问题了。这个我们在下一章讨论。在美学发展的早期，柏拉图的美学就是讨伐艺术的理论，而经过了漫长的历程，美学再一次涉及“艺术终结”的问题，套用黑格尔的理论，这是不是也是一次“否定之否定”的螺旋式上升的过程呢？

1

1《战神和维纳斯》
120—140，大理石，高1.73米，巴黎卢浮宫博物馆

第五章

从多棱镜到万花筒
——从“现代主义”美学到“后现代主义”美学

从19世纪中叶开始，西方的哲学、美学、文艺都随着社会的现代化过程，开始发生了一些重要的转变。社会上升到一定阶段，其对于人的发展的负面影响逐渐暴露出来，和此相适应，哲学从“本体论”转向关注人的理性、信仰的崩溃和消失，关注人的“存在状态”，美学打破了“理性”和“经验”的二元结构，从对非理性、直觉之类因素的重视开始，逐渐向更多的层面拓展。文艺也是如此，不再纠缠在古典主义与浪漫主义，或现实主义和浪漫主义这两点上。如果说，现实主义重视对客观现实的直接模仿，浪漫主义重视对主观精神的直接表现，如同所谓的“镜”与“灯”的话，那么现代主义艺术则是在对“现实和精神的综合体”作曲折的反映，就像是在用“多棱镜”折射人的内心和外部的世界。

20世纪中叶以后的“后现代主义”美学，到底是一个“伪词”还是能独立存在，这还是一个问题。但没有问题的是，美学和文艺显得更加纷繁复杂了。总的说来，形式和外在因素更受到重视，拼贴和戏谑取代了严肃的建构，现代主义追求的精神深度似乎不复存在。情况就像是给你一支“万花筒”，让你带着轻松游戏的心情去看看这个世界，不去思考看到的东西背后的意义，只是享受从这个世界表面的影像中体验到的快乐。

>>>

“革命美学”与“美学革命”

在没有讲纷乱庞杂的现代主义和后现代主义美学之前，我们有必要先找到一个参照系，不然我们就会在看多棱镜和万花筒的时候，感到眩晕。找一个什么样的参照才会感觉踏实呢？从时间上讲，马克思主义美学的产生和发展，几乎是和西方现代主义和后现代主义思潮同步的；从内容上讲，马克思主义美学在一个新的框架里继承和发展了德国古典美学，它和西方的美学传统相对独立，而现代主义和后现代主义美学是在西方美学传统框架内的一种反叛，由于人们力图在马克思主义和西方美学传统之间找到结合点，所以，相当一部分运用马克思主义原理的美学理论同时又可以纳入现代主义美学甚至是后现代主义美学的范畴里。考虑到这两点，我们可以把马克思主义美学当作是理解现代主义和后现代主义美学的参照。

以前，由于意识形态的关系，我们总是把经典马克思主义看作是西方思想传统之外的东西，马克思主义在政治意义上是“东方”的，还把那些在西方文化传统中运用马克思主义的思想叫作“西方马克思主义”。就像是中国先秦诸子百家中的“名家”学者们，曾经纠缠于“白马非马”这样的逻辑问题，当代思想中也有“西马”是马还是非马的讨论——那意思是说，西方马克思主义到底属不属于真正的马克思主义。

作为一种常识，我们都知道马克思主义是由以历史唯物主义和辩证唯物主义为核心的马克思主义哲学、马克思主义政治经济学、科学共产主义三部分组成的。马克思主义提倡社会革命，其实它自身的出现，就是一场思想革命。它继承了德国古典哲学在辩证法和唯物主义两个方向上的成果，创造性地从生产力与生产关系入手，经由社会经济基础、阶级关系，进入思想和哲学层面。这样的思维取径，是在我们前面所讲的“西方思想”中所没有见过的。

具体到美学上，在笔者看来，马克思主义美学有这样两个基本的方面：其一，美不是抽象的，而是具体的，不是超越历史和阶级的。恩格斯提出的分析文艺作品的时候，既要带有“历史的观点”，又要带有“美学的观点”，也就是这个意思。其二，马克思主义把“美”当作是“人的本质力量的对象化”，是一种和“人的异化”过程相反的积极因素。

这其中的第一个方面，是传统马克思主义者熟悉的：经济基础决定上层建筑，物质决定精神，内容决定形式，同时被决定的因素又对决定因素有反作用。这样就使得经典的马克思主义美学充满了辩证法的色彩：它有它的原则性——比如强调美和文艺有现实和物质的基础，强调社会生活对文艺的作用，进而从总体上推崇一种现实主义的创作方法、一种社会学的批评方法。同时，它又有它的开放性，它把西方各种流派的美学思想中矛盾之处结合起来，不再是片面的只执一端，而是强调在一种“度”的把握中，统一矛盾——比如，美既是客观的，又具有主观的一面；美是内容和形式的和谐统一等。不过，在现实中，“度”的把握要比在理论中难得多，所以当人们运用经典马克思主义的时候，往往会出现这样那样的偏差，在美学上，集中地表现为：“人”的因素在美学中受到了忽视，似乎美最终只跟阶级斗争、生产劳动有关，甚至只跟政治革命有关，成为一种“革命美学”，而跟“人”没有什么太大的关系。西方美学向来有“人文主义”和“人道主义”传统，所以在西方，马克思主义美学受到一些质疑，被认为是忽视了“人的问题”。实际上，这只是一种误解，1932年，马克思的著作《1844年哲学经济学手稿》的重新发表，提供了一个很好的契机，让人们更多地看到了马克思在“人的问题”上的思考，这是马克思主义美学第二个重要的方面。

《1844年哲学经济学手稿》又被称为“巴黎手稿”。其最重要的成就是提出了“异化理论”。什么是异化呢？通俗地讲就是“原本隶属于你的东西却成了一种异己的、外在于你的东西了”。马克思在两个层面上谈到“异化”：

其一是所谓的“劳动异化”。现代社会的现实是，工人付出的劳动越多，生产的财富越多，他就越是相对贫困。这是因为“劳动所生产的对象，即劳动产品，作为一种异于劳动者的异己的存在物，它不依赖于生产者的力量，同劳动相对立”。由劳动异化理论，马克思引出了著名的“剩余价值理论”，劳动异化可以说是剩余价值产生的源泉。而要扬弃“异化劳动”，使人的劳动重新回到“自由自觉的劳动”上来，就需要进行“社会革命”。

其二是“人的本质的异化”。我们知道马克思认为人的本质是“一切社会关系的总和”，人把自己的本质力量进行“对象化”，就是在认识和改造世界，在劳动和创造。艺术和美说到底，和宗教、科学等一样，也是人把握世界的一种方式，也是“人的本质力量的对象化”。但在现代西方私有制中，在“异化劳动”中，人的劳动被贬低成为一种维持个人的动物性生存的手段，这样，人的现实存在就和他的“类本质”（人之所以为人，之所以被称为“人类”的本质，比如精神性、社会性等）对立了。不仅如此，个体的人与他的“类本质”的对立，必然导致人与人之间的相互关系的异化，矛盾取代了和谐，人的本质最终出现了异化。

经典马克思主义美学，比如俄国或苏联的“革命民主主义美学”对异化理论似乎并不是特别重视，别林斯基或车尔尼雪夫斯基都还是从“社会革命”的总体要求出发，强调一种代表革命阶级的美学观点。他们就提出过一种“美就是生活”的观念，意思是说，现实生活不仅应该是美的来源，而且和美的本质是相同的，这样，美学就是一种非常有现实感的学问，或者干脆地说就是研究现实问题的学问了，很显然，这样的美学思想，是在

1 | 2

1 德国哲学家、思想家马克思

2 德国哲学家、思想家恩格斯

有意识地把美学和无产阶级在现实社会中的革命要求联系起来，这样的美学成为一种地地道道的“革命美学”。

但是西方马克思主义却把马克思的“异化理论”当作了其美学思想的基石。匈牙利理论家卢卡契有一本著作叫《历史与阶级意识》，被称为西方马克思主义的“圣经”。虽然这不是一本美学著作，但却表达了这样的意思：在现实生活中，正确的意识形态是扬弃异化的重要方式，但这不是唯一方式，文学艺术中，扬弃异化的形式是悲剧；由于理论和实践上的失误，社会主义依然可能存在异化现象，这种时候，文艺和美学扬弃异化的作用就显得尤为重要。可以看出，“西马”在吸收马克思异化理论的时候，有意识地淡化了“劳动异化”层面的问题，而强化了“人的本质异化”，这样就和西方传统美学中的“人本主义”思想衔接到了一起，进而有意识地回避了“社会革命”和阶级斗争的问题，把注意力只集中在了文化、思想和艺术中。把文学艺术当作“反异化”的手段，甚至是比社会革命和意识形态革命更重要的手段——这样的美学，可以说是“西马”和“经典马克思主义”之间最大的区别。

沿着这样的思路，西方马克思主义最重要的代表——法兰克福学派的思想家和美学家们发展了他们著名的“文化批判”理论。法兰克福学派以德国法兰克福社会研究所为中心，从 20 世纪 20 年代一直延续至今，先后出现了本雅明（Walter Benjamin，1892—1940）、霍克海姆（Max Horkheimer，1895—1973）、阿多诺（Theodor Wiesengrund Adorno，1903—1969）、马尔库塞（Herbert Marcuse，1898—1979）、弗洛姆（Erich Fromm，1900—1980）、哈贝马斯（Jürgen Habermas，1929— ）等一大批当代重要的思想家和美学家。这些人虽然各有各的角度，而且很多都有沟通马克思主义美学和现代西方美学的努力，但总体上说，他们都是从“人的异化”出发，对现代资本主义社会的文化进行批判，同时把审美看作是人性解放的途径，把艺术当作是“批判”之后的“建构”——所谓的“破”后之“立”。他们的美学不仅是革命的手段，其本身就成了目的。我们或许可以把其称为“美学革命”。

瓦尔特·本雅明是德国的犹太人，从小受犹太教影响，青年时代沉迷于康德哲学，30 岁之后又转向马克思主义，曾在 1927 年访问苏联，写下了著名的《莫斯科日记》，后来因受到纳粹的迫害，流亡法国。1940，在西班牙边境因受盖世太保的追捕，自杀身亡。他是一个精通西方现代主义美学和艺术，同时又是第一个用极具个人特色的方法，创造性地把马克思主义运用到对西方文艺批评中的人。他创造了一种被后人称为“寓言式批评”的美学批评的方法，评论了德国浪漫派艺术、歌德、德国悲剧的起源等，更重要的是他写下了著名的《发达资本主义时代的抒情诗人》，通过对法国现代主义诗人波德莱尔的评论，把马克思主义和西方的现代主义美学融为了一体。他的另一本著作《机械复制时代的艺术品》，把马克思关于物质生产的规律运用到艺术创作上，虽然是在讨论“电影”这门新兴的艺术形式，但实际上却形成了一种非常有普遍意义的“艺术生产理论”。在价值倾向上，本雅明在批判资本主义时代文化的同时，也看到了西方现代艺术本身对资本主义社会的批判作用，所以在审美倾向上，他反倒是推崇的。他认为古典艺术是明晰的，而现代艺术是晦涩的；古典艺术是独一无二的，而现代艺术是可进行机械复制的；古典艺术是以膜拜价值为主，现代艺术是以展示价值为主。而在人们对两种艺术的欣赏方式上，对古典艺术人们是“凝神专注式接受”，对于现代艺术人们则是“消遣性接受”。这些观点，都表明了他对西方现代美学和艺术认识上的深刻程度，在下面我们讨论现代主义和后现代主义美学的时候，我们能更明显地感到本雅明的价值。

1 德国哲学家本雅明

2 德国哲学家阿多诺

阿多诺在美学上现代主义的色彩更重，他对马克思“异化理论”的吸收是间接的，更多的地方，我们看到的是他自己的理论建构。在《启蒙辩证法》和《否定辩证法》之中，他提出了其美学上的核心概念——“非同一性原理”。他认为人在现代社会中，人的理性活动异化成一种“工具理性”，人的理性活动比如科学活动，使人成了他所创造的客体的工具。而审美之所以能够成为扬弃异化的途径，那就是因为其提倡的是一种“非同一性”。所谓的“非同一性原理”简单说，主要有两个层面的意思：其一，审美具有一种“超客体性”，也就是说，作为审美主体的人，他有一种自律的审美模式，不会像人的理性成为依附于客体的“工具理性”那样，让人沉入审美的客体中而不能自拔，审美的主体和客体之间是“非同一的”。其二，每一个人，在具体的审美活动中，都应该遵从于自己独特的审美经验，个体与个体之间是“非同一的”，进而有个性的个体具体审美经验的产物，也是“非同一的”。而现代美学，以现代艺术为对象，如果要遵循“非同一性原理”，就不能按照传统美学的两个极端方式——哲学美学和经验美学去做，而是要把个体具体的审美经验和哲学反思结合起来，走第三条道路：把艺术经验在一种反思中哲学化。他曾说过：“黑格尔和康德是最后两个不懂艺术而写出伟大美学著作的人。”言下之意很明显，在现代社会中，如果没有对现代艺术的个体独特的审美经验，谈论美学是不可能的。

马尔库塞在20世纪60年代西方社会的“红色浪潮”中，是一个不折不扣的风云人物，当时怀有革命热情的西方青年们，把马尔库塞、毛泽东、马克思称为“三M”(因为姓氏在西语中都以“M”开头)，可见其受推崇的程度。在当时，毛泽东、切•格瓦拉等人是西方青年在西方之外的偶像，而马尔库塞则扮演了西方社会中的革命导师的角色。究其原因，是因为他提出了一种叫作“总体革命”的思想和美学主张，从字面理解，这似乎是一个比“社会革命”还要大的概念。马尔库塞认为西方现代社会的异化是一种全面的异化，它使身处其中的“人”失去了主动表达自己的能力，主体失去了和客体“双向互动”的机会，只能被动地接受异化的社会对他的压迫，成了一种“单向度的人”。而要改变这种现实，就必须进行“总体革命”，也就是说，因为社会全面异化了，所以仅仅从经济上推翻资本主义制度还不够，还必须对整个人的存在状态进行重组，把人的感性、内在的心

理结构乃至非理性重新塑造，使“人”成为“总体人”，只有艺术和美学能担此重任。“总体革命”的思想很有鼓动性，但实际上，它却回避了社会革命。这是可以理解的，因为社会革命的成功在当时的西方社会中并不具备条件，所以他又回到了法兰克福传统的“美学革命”上来了。对于西方的青年人来说，无力通过“社会革命”改变资本主义的社会制度，就只能充满激情地怀有“总体革命”的理想了。马尔库塞的思想之所以一度如此受到推崇，一方面固然因其充满激情，另一方面恐怕也是因为，这样的思想正好符合了当时人们的处境：“总体革命”不需要你去进行社会革命，而是要你通过文艺和美学从思想上去反叛异化了的社会。

其实，上述这些美学家的思想和西方现代主义美学有着这样那样的联系，甚至像哈贝马斯等人本身就是当代“后现代主义”美学理论的阐释者，在“西方马克思主义”和“现代主义”之间，颇有点殊途同归的意思。我们再看看现代主义美学，这种感受可能就更明显了。

1

1 德裔美籍哲学家、社会理论家马尔库塞

“恶之花”开在“上帝死了”之后
——现代主义美学和文艺

美学现代化进程的三种趋势

西方美学现代化进程的开始，和马克思主义的产生大致同时，是在19世纪中叶。资本主义上升到一定阶段，正如马克思指出的“人的异化”一样，其对于人的发展的负面影响逐渐暴露出来。从19世纪中叶开始，西方的哲学、美学、文艺都随着社会的现代化过程，开始发生了一些重要的转变。

西方哲学思想的整体转变，可以概括为以下三个方面：

第一个方面，西方传统的价值体系，特别是对某种终极价值的信仰出现了危机，尼采说“上帝死了”，那不是简单地在说人们的基督教信仰——尽管他不喜欢基督教，认为它和佛教一样，都是否定了个人价值和个体差异的“粪便一样的东西”。——而是在用一种隐喻的方式告诉世人，我们原本信仰的东西本身就是可疑的，摆在现代人面前的第一个问题就是要“重估一切价值”。

第二个方面，西方哲学传统中的“理性”和“经验”的二元结构开始崩溃。一方面，“理性”和终极价值的信仰在现实中越来越找不到依托，于是，西方哲学思想开始从“理性”至上，转向对“理性”的怀疑，进而对直觉、想象、潜意识等非理性因素（界于理性和经验之间，但靠近理性）进行探讨和推崇，比如克罗齐等人的直觉主义学说、弗洛伊德的精神分析学说等。同时，来源于现实经验的、带有“科学主义”色彩的思想（界于理性和经验之间，但靠近经验）进入传统的人文领域，进而还影响到哲学和美学思想。比如说，现代语言学的发展，促进了结构主义和形式主义的形成。再比如，带有浓重的“田野工作”(在野外进行的实地观察和研究，基本上是经验主义式的）色彩的人类学，其成果被应用于美学，产生了人类学美学。

第三个方面，在现代以前，西方的哲学和思想最终要回答的问题始终都是诸如“世界的本原是什么”、“什么是这个世界的真理”之类的问题，即所谓的“本体论”。理性的崩溃使得人们发现，在当前的现实中再追问“本体”显得不切实际而又毫无意义，所以他们把思想的触手伸向了“人在现实世界中的存在状态”这样的问题，希望通过对人的“存在境遇”的分析，指出人的处境的荒谬，从而思考和寻找人抗争这种荒谬性的方式，重建一种价值体系。比如，现代主义思想的核心之一就是萨特（Jean-Paul Sartre，1905—1980）、加缪（Albert Camus，1913—1960）、海德格尔 (Martin Heidegger，1889—1976）等人的“存在主义”思想。

在这样的整体转变中，美学的状况是如何的呢？笔者以为，美学的现代化进程主要可以概括为以下三种趋势：

西方美学现代化进程最明显的趋势是从“理性”和“经验”之外，寻找各种“非理性元素”来解释美和文艺。

尼采的美学思想很有代表性，他找到的是“生命意志”。我们前面说过，在《悲剧的诞生》中，尼采认为古希腊悲剧（广义上的文艺）的起源，并不是像古希腊人自己说的那样，来源于一种生命和人内心的和谐，相反是源于人的内心的矛盾和斗争。人的生命的不同方面产生了不同的艺

1

1 法国小说家、散文家和剧作家加缪

术冲动，古希腊悲剧就是“日神精神”和“酒神精神”相互斗争、相互影响的产物。所谓“日神精神”是一种理性的精神，在艺术上讲求和谐、平衡、适度，在风格上力图达到崇高和静穆。“酒神精神”是一种非理性的精神，它象征着激情和原始的生命力。尼采虽然指出艺术的产生是这两种精神共同作用的结果，但在个人喜好上，很明显，尼采真正推崇的是“酒神精神”，而且在需要重估一切价值的现代社会里，后者的实际意义也更为重大。他认为，日神精神总是要保持一种正面的、积极的态度，往往沉湎于外观的幻觉，而不去追问外观背后的东西。如果说，这在古希腊还有一定积极意义的话，那在当下，其意义完全就是消极的——流连于事物表面的美和稍纵即逝的快乐，实际上是在用美的面纱掩盖生命悲剧的面目。相反，酒神精神则冲开了事物外观的幻觉，直视人生和生命的痛苦，用一种审美的态度看待世界和人生，找到那种本质的东西。

用更准确的语言说，“酒神精神”代表的就是尼采所说的“生命意志”。在他看来，世界和人生都是悲剧性的，人如果用一种理性的目光去看待它，要么文过饰非自欺欺人，要么只能产生悲观厌世的思想。出路在什么地方呢？世界和人生本无意义，那就需要从审美的角度去审视世界和人生。可见，尼采把“审美”看作是和“理性”对立的过程。在尼采看来，生命是有着强力意志的，它必定会去突破理性对它的束缚。艺术和美就是生命意志丰盈的表现。只有那种生命力极其旺盛的人，才能感受到“酒神精神”那种迷狂的审美创造的状态，他们是受着这种内在生命力的逼迫，想不去进行艺术创作都不行。而那种生命力衰竭的人就是那种毫无审美感受、和艺术无缘的人。

“美就是生命力的充盈”、“艺术家就是那种生命力极其旺盛的人”——这可以说是尼采美学观念最核心的部分。

狄尔泰（Wilhelm Dilthey，1833—1911）和尼采同样重视生命，认为生命是一种盲目而又有秩序、不断流变又不可遏止的永恒冲动。他区分了自然科学和精神科学，前者以自然为研究对象，后者以生命为研究对象。研究生命，人们不可能依赖理性和形而上学，只能依靠个体生命的体验、理解和表达，只有“体验”才能消除主体与客体、我与他人之间的障碍，才能把握活生生的生命意义。“体验”和“理性”不同，和“经验”也有着本

质的区别。在狄尔泰看来，经验来源于主体和客体对立的状态，是人把对象当作一个“物”，单纯地认识；体验则是主体全身心地投入客体，主客体之间呈现出一种全新的、活生生的关系。文学艺术就是人类对生命冲动的内在体验的外在表达形式。文艺，使人在世界中通过体验而重新审视了自我生命的价值，使人领悟到生命的启示。从这个意义上说，生活体验是一种指向意义的生活，即所谓的人生诗意化；艺术体验是一种给出意义的艺术，即所谓的诗意的凝聚。两者都是在突破人自身生活的晦涩性，获得一种豁然开朗的精神境界。

“体验”是在个体生命范围内进行的，那它如何具有一种普遍性和客观性呢？狄尔泰认为“体验”不是孤立的，而是和“表达”与“理解”联系在一起的。个体生命的内在体验，通过外在的表达，成为一种具有普遍性和客观性的东西，从而被其他的个体“理解”。表达不能借助逻辑思维等科学方法，只是用符号把个体的生命体验固定下来，理解也不是一个理性思考的过程，而是一个个体生命，通过固定在符号中的另一个个体的生命体验，与另一个个体生命的交流和对话。具体到文艺中，狄尔泰非常重视“想象力”，认为想象力的强弱是一个人生命力强弱的直接表现，想象是艺术的绝对中介，艺术的体验、表达和理解都是通过想象进行的。

由于提出了“体验”这个概念，并把自己的美学体系建立在“体验”

1

1 德国哲学家、心理学家狄尔泰

这块基石上，狄尔泰的美学思想也被称为“体验美学”。在20世纪60年代，法兰克福学派的美学家哈贝马斯，从法兰克福学派自身通过艺术审美进行社会批判的传统出发，对狄尔泰这种通过“体验”把生活和艺术融为一体的思想大加推崇，在西方美学界促生了一次所谓的“狄尔泰复兴”，由此可见其美学思想的现代意味和现实意义。

在美学上，比尼采和狄尔泰沿着“非理性”走得更远的是弗洛伊德(Sigmund Freud，1856—1939)。弗洛伊德不是一个严格意义上的美学家，他在他的时代首先是以心理学家和精神病医生而闻名的，但是，他的精神分析的学说和文艺又有着密不可分的联系，他在美学上造成的影响，即便跟某些纯粹的美学家相比，也是有过之而无不及的。

他认为人类活动最基本的推动是原欲和本能，而艺术不是理性的结果，而是原欲和本能的升华。按照弗洛伊德的说法，人的心理结构是多层面的，它包括了无意识、前意识和意识，与之相对应，人格也有三个层面：“本我”、“自我”和“超我”。“本我”处在最底层，表现为一种无意识状态，是“本能的人”，原欲就蕴藏在本我之中，本我遵循着一种“快乐原则”，也就是说，它有着一种与生俱来的避苦趋乐的动机。“自我”处于人格的中间层面，是“现实的人”，它的作用是用于调节享乐原则和现实环境之间的矛盾，表现为用一种“前意识”、按照一种“现实的原则”来修正无意识和现实的矛盾。“超我”则是一种“社会的人和道德的人”，其表现为按照“社会的原则”来压抑“本我”的冲动，用意识来压制无意识。在一般的情况下，超我和自我可以做到对本我的控制，但这种控制是一把双刃剑，它一方面规范了人在现实和社会中的思想和行为，另一方面如果“原欲”长时间地处在被压抑的状态，人又会崩溃和毁灭。所以，本我总是力图突围，力图让无意识穿过前意识和意识，把它的影子投射到人们的脑海中。弗洛伊德认为梦境之所以有意义，就是因为在睡眠的时候人的意识活动比较薄弱，这时候无意识就比较容易通过一种曲折的方式，用梦的形式表现出来。与此相类似，审美和艺术创作被他解释为一种“白日梦”——人通过艺术的幻想和想象，有意识地要进入一种无意识状态。在他看来，文艺就是用一种社会可以接受的方式，来补偿“原欲”在现实中无法得到满足的情况。这样，艺术就被最终归结为无意识的本能上去了。

按照这样的思路，弗洛伊德及其追随者们在具体解释文艺作品的时候，还使用了一个我们现在常常使用的概念：“情结”。意思是指人的某种类型的欲望，反复地得不到满足，同时也得不到宣泄，特别是在人的童年时

1 | 2

1 奥地利心理学家弗洛伊德

2 安格尔，《俄狄浦斯和斯芬克斯》
1808，油画，189厘米×144厘米，巴黎卢浮宫博物馆

期的某种欲望，当人长大之后，就会形成困扰人同时又吸引人的某种情感倾向。弗洛伊德使用古希腊悲剧《俄狄浦斯王》杀父娶母的故事为例，把“恋母情结”称为“俄狄浦斯情结”，使用莎士比亚的《李尔王》的故事为例，把“恋女情结”称为“李尔情结”，而且还认为，在作品中人物的很多情感和行为其最后的解释，都是这种和“原欲”有关的情结，支撑着作者写作这样的故事的最终动力也在于此。

很明显，弗洛伊德的理论是一种巨大的创新，意义重大。难怪在西方有一种很流行的说法，认为弗洛伊德、卡尔·马克思还有西方现代社会学的奠基人马克思·韦伯这三个“犹太人”，改变了整个现代社会的思想。不过弗洛伊德把艺术归为个体动物性的本能，很难得到大多数美学家的认同。比如，法兰克福学派的马尔库塞、弗洛姆等人，就力图寻找一种理论，沟通弗洛伊德的理论和马克思主义思想。就连弗洛伊德自己的学生荣格（Carl Gustav Jung，1875—1961）也对其理论提出了批评。

荣格是弗洛伊德的得意门生，但他发现把“原欲”和“无意识”仅仅看作与动物性的个体有关，这是解释文艺思想时遇到的最大问题。因为文艺固然是个体的创造，但一方面文艺有着它的社会性和普遍性，另一方面，文艺总是在形成传统，文艺的创作又是在文化的传统中进行的，那怎样来表述这个问题呢？荣格找到了一个新的概念：“集体无意识”——不是个体

的动物性的无意识和本能，而是社会的群体性的无意识，才是文艺的来源和动力。正如弗洛伊德用“情结”具体阐释了个体无意识一样，荣格认为集体无意识的内容就是“原型”。所谓“原型”，从字面上说，就是“最初的模式”，在荣格看来，情结或个体无意识只能达到个体的人在婴儿时代的记忆程度，而原型或集体无意识则包括了婴儿记忆以前的全部时间，是超越了个体的、人类大家庭全体成员所传承下来的种族记忆，它可以把现代人和自己的原始祖先在无意识的层面联系在一起。个体的生命从出生的时候开始，集体无意识的内容就给个人的行为提供了一种预先就已经存在的模式，这些印在人们无意识的深处、但并非来源于个人经验而是来源于祖先经验的“种族记忆”、“原始意象”，就是他所说的“原型”的内在含义。

荣格的“原型”概念，对现代美学的发展相当重要，这其中最明显的就是把人类早期的神话和当代的文艺创造联系了起来，促生出了神话美学和原型批评。荣格曾经在自己的著作中概括了各种具体的原型，比如西方文化传统和文艺中存在的再生原型、受难原型、上帝原型、太阳崇拜和月亮崇拜的原型、返乡原型等。举个例子，我们都知道荷马史诗《奥德赛》所描述的就是希腊英雄俄底修斯在特洛伊战争后，历尽艰辛返回家乡的故事。在西方文艺发展历史中，这样的返乡故事屡见不鲜，最近最有影响力的就是爱尔兰小说家乔伊斯（James Joyce，1882—1941）所写的《尤里西

1 | 2

1 艾詹姆斯·巴利，《李尔王哀悼寇蒂莉亚》1786—1788，布面油画，269厘米 × 367厘米，伦敦泰特美术馆

2 瑞士心理学家荣格

斯》，它虽然是通过现代人一天中在城市中回家的外壳，来展示现代人精神上迷茫、无家可归的主题，但在结构上，还是套用了所谓的“返乡原型”。当然，荣格同时也指出，原型虽然先于个体而存在，但这并不意味着个体的人在艺术创作的时候完全处在被动的、受支配的地位。也就是说，个人的文化心理积淀并不是完全由先天决定的，一方面集体无意识通过生物的遗传和社会影响两方面向下传递，另一方面，人的心理具有某种自主性和先天的综合能力，个人在个体的心理结构中用什么样的方式反映“原型”，则是由个人的生活环境等后天因素影响的。

由集体无意识和原型理论，荣格进一步指出，在文艺创作中，当集体无意识的内容在个人的意识中不被认识的时候，它就会通过梦、想象、幻想、象征等非理性的形式表现出来，所以在美学和文艺批评之中，重要的不是从表层解释想象或象征在形象上的寓意，而是要去洞察这种艺术寓意之后的原始意象和原型。荣格曾经举过这样一个例子：一位曾经作过荣格心理学研究对象的美国女子，写了一首名为《逐日的飞蛾》的诗歌，诗歌在艺术象征的层面用飞蛾和太阳的关系，象征了那个女子和爱人之间的关系，但荣格认为，这样的理解是远远不够的，在这首诗歌的背后还隐含着一个“太阳英雄”的原型，这来源于人类数世代以来所共同体验到的太阳的灿烂光芒和伟大力量，对于一个人短暂的一生来说，“太阳英雄”是永远不可企及的，他给人带来一切，人会用他全部的灵魂化作飞翔的羽翼，即便会被太阳灼伤和毁灭也要不顾一切地去追求。

荣格认为，从生命发展的角度上说，正因为人类标榜理性而忽视感性，标榜精神而无视肉体，标榜意识而不谈无意识，才导致了种种弊端在现代社会中集中爆发，致使人的情感萎缩、人格分裂。艺术通过让人们重返集体无意识，而有了弥补现代人的人格、拯救现代人的灵魂的重大作用，在这个意义上其功能类似宗教。荣格认为，文艺不会消亡，相反其是可以不朽的，因为从本质上说，艺术代表的是一种超越了个人、象征的人类共同命运的永恒的东西。众多的现代艺术看似打破了艺术的规则，被一些正统的思想看作是艺术灭亡的前兆，但实际上现代艺术却是在用和僵死的艺术相反的方式，拯救和发展着艺术和美。

从非理性因素着手讨论美学的人，择其要者，还有意大利现代最重

要的美学家克罗齐（Benedetto Croce，1866—1952）、法国美学家伯格森（Henri Bergson，1859—1941）。他们找到的是“直觉”。

克罗齐在哲学上受康德影响巨大，政治上推崇自由主义，还曾经出任过墨索里尼（Benito Mussolini，1883—1945）上台前意大利政府的最后一任教育部长。虽然家境优越，还当过大官，但这并没有让他在学术上变得保守，相反他对传统美学的反叛却是特别明显。他提出的最著名的美学观点就是：“直觉即表现”。他认为直觉是人最基层的感性认识活动，是想象和意象形成的过程，它比通过概念进行的理性认识方式更基本和重要。直觉不是人反映客观现实的功能，而是对主观情感的表现。直觉就是表现——抒情的表现。情感本来没有形式，直觉赋予了情感以形式。由“直觉即表现”，他进一步提出“直觉即艺术”的观念。由于直觉是人们基本的认识方式，所以如果直觉即艺术，那么人人尽可为艺术家。他确实是这么想的，他认为，人是天生的诗人，我们随时都在进行着艺术活动，大艺术家和普通人实际上只有量上的差距，而没有质的区别，因为他们都是在使用直觉。由于把一种最底层的、非理性的认识活动定义为艺术，所以他认为艺术不是科学的活动，不是逻辑的活动，同时艺术又不是功利的、道德

1 | 2

1 爱尔兰作家、诗人乔伊斯

2 意大利哲学家克罗齐

的活动。而且由于直觉是整一不可分的，所以艺术本身也是一体，是不能分类的。西方文化传统自亚里士多德和贺拉斯开始就不厌其烦地对艺术进行这样那样的分类，然后规定出每个艺术门类这样那样的规则，这在克罗齐看来，毫无意义。

伯格森把“直觉”具体化为“意识绵延的能力”。其美学观点的核心是：人认识现实的基本方式有两种。一种是科学的方式，它把现实中丰富多样的东西，简化并纳入某些特定的轨道中，以便为某些实用的目的服务。这是低级的。另一种方式把科学、实利放在一边，通过直觉——也是他说的“生命意识的延绵”——深入到自然界的个体和人的个性中，这就是艺术的方式，这是高级和微妙的。第一种方式关注太久，只能导致人们的心智下降，只有通过艺术，人们那种“意识绵延的才能”才会得到锻炼和提高，人们的诚实、同情和健全的心智才会复苏。他的这种思想对西方现代文艺中的“意识流”的出现和推动，产生过现实的作用。

西方美学现代化进程的第二种趋势是所谓的“语言学转向”，这主要表现在文学理论或者叫“诗学”之中。由于现代语言学的发展，文学理论找到了一种技术性的工具，可以用一种微观分析的方法进入文学作品，这促生了形式主义美学、结构主义美学、现代叙事学等美学分支和流派。从总体上说，有了语言学理论的基础，人们更倾向于把文学艺术本身看作“本体”，也就是说，文艺本身从传统美学中的“载体”地位变成了自我相关的“独立体”了，在传统美学中，文艺要么作为人的主观思想情感的表现者，要么是客观自然社会的模仿者，而现在，文艺成为它自己，不需要借助他者，“文本”本身就具有合法性。在这一类美学思想中，“美”似乎就是语言和形式之内的事情。

20世纪初出现的俄国形式主义诗学是这一美学趋势的始作俑者，其代表人物什克洛夫斯基（Viktor Shklovsky，1893—1984）、雅各布森（ArneJacobsen，1902—1971）等人认为文学艺术和那些诸如作家、读者、社会等外在因素没有关系，文艺作品作为一种独立的“文本”是自足的，不能用什么社会学或心理学的方法来研究文学。20世纪30年代以后，人们认识到，只是技术性地分析文本而不去解释是不够的。所以人们开始扩大“文本研究”的内涵，发展了形式主义诗学和美学。

“新批评派”就是最重要的代表。一方面，其继续强调“文本”的独立性，另一方面又提倡通过对文本进行“细读”，特别是对语言解释性的分析，拨开一层层象征和隐喻的迷雾，找寻出作品内在的本质的含义，从而在意义的层面上找到“文本”和“文本之外的世界”之间的联系。很多著名的现代主义诗人，同时也是新批评理论积极的鼓吹者，比如，英国现代大诗人 T•S• 艾略特（Thomas Stearns Eliot，1888—1965），他写出了著名的长诗《荒园》、《四个四重奏》等，用晦涩、充满隐喻和象征的语言，表现出现代人在现代社会中的处境。同时，他还写了很多的诗学文章，来阐明理解诗歌的原则和方法。

另一种对早期形式主义诗学有所发展的是结构主义诗学。其主要是从“文本”的内容与形式的关系入手，认为“文本”不应该仅仅是语言形式，更重要的是“结构形式”。他们认为结构比语言更普遍，他们的兴趣不是分析个别的作品，而是想要找出作品普遍具有的结构，这种结构被其称为“文学性”，也就是说，文学之所以是文学，其原因在于它被赋予了某种具有普遍性的结构。在这个意义下，结构不仅仅是“形式”了，它还是“内容”。进一步地，结构主义发展出一种新兴的文艺理论——叙事学。比如法国人罗兰•巴特（Roland Barthes，1915—1980）、热奈特（Gérard Genette，1930— ）等就是叙事学积极的倡导者。

美学现代化的第三种趋势是存在主义美学的兴起与广泛运用。作为对形式主义的反拨，存在主义美学首先强调文艺要从人出发，要关注人的生存状态。如前所述，在萨特、海德格尔看来，人的现实的存在境遇是严峻甚至是荒诞的，这种看法类似于马克思以及法兰克福学派“人的异化”的理论。

在存在主义者看来，文艺首先的一个职能就是展示人的这种存在境遇，然后才是通过艺术和美拯救人的问题。要说明存在主义所说的人的存在境遇，我们可以举一个例子。法国著名的小说家加缪有一本著作叫《西西弗斯的神话》，西西弗斯是希腊神话中的人物，他因为犯错触怒了神，被罚把一块大石头从山谷推上山顶，可是神不让他完成这个任务，这样，西西弗斯推到一半，石头总会滚下来，滚下来就再重新开始。西西弗斯也知道他不可能把石头推上山顶，但他还是在持续不断地推。如果说，盗火者普罗

米修斯是因为做成了某件事情而成为英雄的话，那么西西弗斯则因为永远也做不成某件事情而显得悲壮而又荒诞。我们可把普罗米修斯称为“本体论式的英雄”，而西西弗斯则是“存在论式的英雄”。存在主义者认为，现实中的人就是像西西弗斯一样，处在一种荒诞的境地，被一种宿命感驱使着。所不同的就是，有的人可能会屈服于这种宿命，而有的人会用一种“知其不可为而为之”的态度，抗争宿命，而恰恰是因为抗争宿命并不是最后战胜宿命，才更显出人的存在境遇的荒诞。

不仅是单个人的存在境遇如此，人与人、人与人群的关系也是荒诞的。在萨特的著作《存在与虚无》中有一句名言：“他人是地狱”。就是说对于个体的人来说，他人是一种异己的力量，人与人之间是不和谐的，是没法沟通的，甚至是互相伤害的，进而“人群中的个人”是孤独的，不被理解的。和马尔库塞一样，萨特、海德格尔也认为美和艺术是改变人的存在境遇的最佳手段，海德格尔十分推崇德国诗人荷尔德林的诗，萨特除了在哲学和美学上谈论存在主义，还写作了多部诠释其理论观点的小说、戏剧，这些都可以看出他们对文艺的重视。

存在主义要求文艺“介入”生活。萨特认为不论作品反映的是多么荒诞、多么非正义的情景，但艺术家要怀有一种正义的道德感，把荒诞和非正义的情景以及其背后的根源富有激情地展现出来，让读者从中受到感染。在

“他人是地狱”的现实困境中，艺术家和读者的关系，就是和谐的人与人的关系的最初尝试。

西方现代美学，错综复杂头绪极多，我们指出的这三种趋势很难把它们都包括在内。不过，就美学对艺术实践的影响来说，以上三者，特别是第一种趋势和第三种趋势，其波及面之广，恐怕是别的美学理论难以企及的。

1 | 2 | 3

1 法国文学评论家罗兰·巴特

2 提香，《西西弗斯》 1548—1549，布面油画，237厘米×216厘米，西班牙普拉多博物馆

3 尼古拉斯·塞巴斯蒂安·亚当，《普罗米修斯》 1762，大理石，巴黎卢浮宫博物馆

西方现代主义文学艺术

现代美学不再单纯地从“理性”或者“经验”某一点出发，而是从对非理性、直觉之类因素的重视开始，逐渐向更多的层面拓展。与此相一致，现代主义文艺也不再纠缠在古典主义与浪漫主义，或现实主义和浪漫主义这两点上，而是在这两点之间广大的空间里做文章。如果说，现实主义重视对客观现实的直接模仿，浪漫主义重视对主观精神的直接表现，如同所谓的“镜”与“灯”的话，那么现代主义文艺强调“非直接的表现”，是在对“现实和精神的综合体”作曲折的、变形的反映，就像是在用“多棱镜”折射人的内心和外部的世界。从整体上，现代主义文艺特别强调创新，强调寻找新的艺术形式，打破人们传统的审美习惯，因为在他们看来，只有新的形式才能表达出新的内容，才能对现代社会种种复杂的现实、对现代人扭曲的心理状态和荒诞的现实境遇作出深刻的反省和揭示。这也是为什么现代主义文艺总是让人“看不懂”的原因所在。

在文学上，西方现代主义第一个有影响的流派是法国象征主义诗歌。“象征主义”诗歌作为一个流派被命名是1886年的事情 。一个笔名叫让·莫雷亚斯的年轻诗人，在《费加罗日报》上发表了一篇文学宣言，主张用“象征主义者”来称呼当时的前卫诗人。这份宣言标志着象征主义流派的诞生。事实上，在此之前，象征主义的先驱波德莱尔（Charles Pierre Baudelaire，1821—1867）和马拉美（Stéphane Mallarmé，1842—1898）、兰波（Jean Nicolas Arthur Rimbaud，1854—1891）、魏尔兰（Paul Verlaine，1844—1896）等象征主义名家就已经发表了大量的象征主义作品。这个诗歌流派一直延续到20世纪，后期象征主义诗歌的代表人物是瓦雷里（Paul Valery，1871—1945）。他们对世界诗歌的影响巨大，甚至是在20世纪二三十年代的中国，也有像李金发（1900—1976）、戴望舒（1905—1950）这样的诗人受他们影响，也有诸如叶公超（1904—1981）、梁宗岱（1903—1983）这样的理论家在中国传播象征主义的美学。

象征主义诗歌的开篇之作就是《恶之花》。1857年，波德莱尔发表《恶之花》，当时的帝国法庭以伤风败俗罪起诉他，他被判处罚款，并被勒令删除其中的一些所谓的“淫诗”。据说当时的巴黎流传过这样的故事：如果谁

家的小孩子不听话，比如天黑了还要跑出去玩，大人就会说“再不听话，波德莱尔先生就来了”。波德莱尔因为发表了《恶之花》在当时竟然成了这样一个家喻户晓的“可怕人物”，可见这部作品对正统的价值体系和审美习惯的冲击之大。

受到美国诗人和小说家爱伦·坡（一般人们把他当作侦探小说家来看，实际上他也是现代主义文学的先驱者）用阴郁的调子反映现代城市生活的影响，波德莱尔要以一个年轻诗人为主人公，通过他的所见所闻、所思所想来曲折地反映他生活的巴黎。《恶之花》的“恶”不光指邪恶，而且也指忧郁、痛苦和病态，“花”则是善和美，主题很明显是探讨“恶”中之美，以及围绕着“恶”展开的善恶关系。法国象征主义诗人思想上对传统信仰和价值体系的怀疑和反叛，善恶美丑的标准因为现实的颠倒，有时候和传统的标准是颠倒的。“恶”固然有其邪恶的一面，但又散发着特殊的美感，充满了一种破坏力和反抗精神，激发人们与自身的弱点和社会的不公作斗争。波德莱尔生活的世界充满了丑恶，《恶之花》里也满是诸如乞丐、腐尸、小老太婆、吸毒者这样表面上“丑陋”的意象，但《恶之花》成了一朵出淤泥而不染的荷花，波德莱尔也成了现代艺术最初的代言人。不仅

1 2

1 库尔贝，《波德莱尔肖像》
1848—1849，布面油画，54厘米×65.5厘米，法国法布尔博物馆

2 查尔斯·梅乌涅尔，《恶之花》插画
1900

是象征主义、超现实主义诗人们把他叫作“诗人之王”，即便连高尔基这样的人也对他称赞有加：“他生活在恶里，心却是善的。”——高尔基（Maxim Gorky，1868—1936）如是说。

象征主义诗人的诗歌艺术和生活方式往往充满了很多隐秘和惊奇。他们把生活和诗歌互为象征。像马拉美（马奈曾为马拉美绘制肖像，马拉美和当时的法国印象派画家雷诺阿、马奈等人交往很深，他们为他画肖像画，他给他们写赠诗）这样的诗人，生活轨迹出奇的简单，但诗歌却充满了那么多复杂、晦涩的东西。年轻的时候为了能更好地阅读美国诗人和小说家爱伦•坡的作品，去伦敦学习英语，他一生就出过这一次远门，以后的日子，他就在巴黎和巴黎郊区之间平静地度过，但他却在简单的生活中寻找隐秘的激情和新鲜的事物，写出了诸如《一个牧神的午后》（法国作曲家德彪西曾经根据这首诗创作了著名的同名乐曲）、《骰子一掷永远取消不了偶然》这样意义丰富的诗篇。马拉美可以说，是一类现代艺术家的典型：生活如常人，艺术锐意求新，从不循规蹈矩。

和马拉美不同，兰波和魏尔兰的生活本身就充满了传奇性，他们放浪不羁，酗酒、狎妓、吸毒甚至搞同性恋，他们觉得只有这样颓废的生活方式才能摆脱世俗的限制，才能激发他们的创作灵感。兰波刚到巴黎的时候是一个年仅 17 岁的英俊少年，在诗歌创作方面具有才华，由于他给了魏尔兰一种从未感受过的肉体快乐，使后者对他百依百顺。兰波不仅弄得魏尔

兰神魂颠倒，甚至还在 1872 年使得魏尔兰丢下了妻子和孩子，同他私奔，流浪四方。这一对西方文学史当中最著名的同性恋人的结局并不美妙，不久兰波另求新欢，魏尔兰妒火中烧，开枪射伤兰波，因此被判处两年徒刑。自此之后，兰波放弃了诗歌创作也抛弃了同性恋的生活方式，远走非洲成了一个旅行商人。可以说，他们的生活甚至比他们的诗歌更加充满传奇性和扑朔迷离的象征意味。在这一点上，他们可以说是一大批另类现代艺术家最早的典型。20 世纪 60 年代，美国“垮掉的一代”诗人的代表者艾伦•金斯堡（Allen Ginsberg，1926—1997）和杰克•凯鲁亚克（Jack Kerouac，1922—1969）也是这样一对著名的同性恋者，他们似乎过着比兰波们更加颓废的生活，但前者写了著名的长诗《嚎叫》，后者写了著名的小说《在路上》，所以在看待现代主义艺术家的时候，我们往往不能仅仅用日常生活的道德标准去评价，而是要由他们的生活和艺术进入他们的精神世界。

在美学风格上象征主义以抒写个人感情为重点。但这不是浪漫主义的老路。它抒写的不是日常生活中表层的喜怒哀乐，而是不可捉摸的内心隐秘；或者如马拉美所说，表现的是隐藏在普通事物背后的“唯一的真理”。为此，象征主义对于诗的语言进行了很大的改造。对日常用的字和词加以特殊地、出人意料地安排和组合，使之发生新的含义。象征主义不满足于

1 | 2 | 3

1 美国小说家、诗人爱伦·坡

2 爱德华·马奈，《马拉美肖像》
1876，布面油画，法国奥赛美术馆

3 电影《心之全蚀》的海报

描绘事物的明确的线条和固定的轮廓，它所追求的艺术效果，并不是要使读者理解诗人究竟要说什么，而是要使读者似懂非懂，恍惚若有所悟，使读者体会到此中有深意。象征主义不追求单纯的明朗，也不故意追求晦涩，它所追求的是半明半暗，明暗配合，扑朔迷离。

现代主义文学非理性的一面，在其众多分支流派中表现得非常明显。前面说过爱尔兰小说家乔伊斯的《尤里西斯》就是所谓的“意识流”文学的代表，还有英国的女小说家弗吉尼亚·伍尔芙（Virginia Woolf，1882—1941）、美国的小说家威廉·福克纳（William Faulkner，1897—1962）等人都是这一流派的代表。小说家用大量的篇幅表现人内在意识的流动，而不是外在行为，通过意识去挖掘和探求人的性格和境遇。还有所谓的“表现主义”文学，比如奥地利小说家卡夫卡（Franz Kafka，1883—1924），他的《变形记》、《城堡》等作品，从世界给人造成的主观印象，特别是扭曲变形的印象出发，极力地把个人内心的图景用絮语般的表述方式“表现”出来——表现主义不过多地考虑现实，而是以“我”为中心，沉入自己的世界，有时候甚至是精神病患者或偏执狂一般非理性的世界。

诞生在20世纪20年代的“达达主义”，更是对文学中偶然和非理性因素的极度推崇，其创始者查拉（Tristan Tzara，1896—1963）随便找了一个无意义的词语“DADA”，就作为自己的文学理念的代称。在达达主义者看

来，写作一首诗歌的过程应该是这样的：从报纸中随便剪下一些单词和短语，然后放到一个袋子里，摇晃之后，把那些词语拿出来，随意地分行排好，这样，一首典型的达达主义的诗歌就诞生了。很明显，达达主义这种极端的艺术观已经不仅仅是现代主义的事情了，它已经具有了一些后现代的味道了。随着时间的推移，到了 20 世纪 50 年代以后，达达越来越成了与破坏、疯狂、虚无主义、愤世嫉俗密切相关的运动的标签。

现代主义文学往往具有浓厚的存在主义气息。萨特和加缪的小说自不必说，其他的诸如“荒诞派”戏剧、“黑色幽默”文学，乃至法国战后的“新小说派”，也是这方面的代表。“荒诞派”戏剧重在营造一种人的荒诞处境，其往往没有传统戏剧的现实情节和确定性的戏剧冲突，而是在一种一望便知的虚构情景中，把人的困境以及对困境的突破展现出来。罗马尼亚作家尤奈斯库（Eugene Ionesco，1909—1994）的《秃头歌女》、法国作家贝克特（Samuel Beckett，1906—1989）的《等待戈多》，都是现代主义的杰作。

美国作家约瑟夫•海勒（Joseph Heller，1923—1999）的《第二十二条军规》被看作是“黑色幽默”的代表作。小说的主人公是飞行员尤索林，他在完成了一定数量的飞行任务之后，根据规定可以回家，但军中的第二十二条军规这样规定：一切精神失常的人员要停止飞行，必须由本人

1 2 3

1 1956年的杰克・凯鲁亚克，由汤姆・帕伦博拍摄

2 1902年的弗吉尼亚・伍尔芙，由贝雷斯福德拍摄

3 法国作家贝克特

提出申请，而一个人在面临真正的迫在眉睫的危险时，如果出于对自身安全的关注而提出申请，那恰恰就证明他不是疯子。于是就产生了如下逻辑：如果你疯了，可以允许停止飞行，只要你提出请求就行。可是你一旦提出请求，就证明你不是疯子。现实就是这样荒诞可笑，既然现实已经把精神、道德、真理、文明等价值标准颠倒了，那么英雄这一概念的含义，也必然随之发生根本变化。《第二十二条军规》中已经不存在古典式的英雄形象，只有一些被现代社会扭曲了的反英雄。正如世界上已经没有了普罗米修斯，有的只是像尤索林这样的“现代西西弗斯”。

“新小说派”要比前两者显得更具有现实气息，其代表人物阿兰·罗勃·格里耶（Alain Robbe-Grillet，1922—2008）等人注重发现人在日常生活中的存在困境，所以他们的作品有着传统现实主义小说的外表，有现实人物、日常生活的场景，但往往又充满着矛盾和多义性，他们往往不像前两者那样找到一种明显的荒诞逻辑，而是在众多的生活细节的积累之后，才让那种存在的残酷与荒诞感显现出来。

和文学的情况类似的是，现代主义的造型艺术同样是和现代主义美学互动发展的，和文学的情况不同的是，艺术更注重形式上的创新，总体上说，现代艺术是在寻找和尝试用各种途径以打破传统艺术“客观再现”的

艺术观。

西方美术从近代的现实三义、浪漫主义走向现代，其桥梁是“印象派”，其代表人物有马奈（Édouard Manet，1832—1883）、德加（Edgar Degas，1834—1917）、莫奈（Claude Monet，1840—1926）等人。而真正的现代艺术的起源则是所谓的“后印象主义”。这个名词被用来泛指那些曾经追随印象主义，后来又极力反对印象主义的束缚，从而形成独特艺术风格的画家，其中杰出者有塞尚（Paul Cézanne，1839—1906）、凡高、高更（Paul Gauguin，1848—1903）等。实际上，后印象主义并不是一个社团或

1 | 2

1 马奈，《奥林比亚》
1863，布面油画，130厘米×190厘米，法国奥赛美术馆

2 德加，《舞蹈课》
1875，布面油画，85厘米×75厘米，法国奥赛美术馆

派别，也没有共同的美学纲领和宣言，而且画家们的艺术风格也千差万别。之所以称之为“后印象主义”，主要是美术史论家为了从风格上将其与印象主义明确区别开来。笼统地说，后印象主义者不喜欢印象主义画家在描绘大自然转瞬即逝的光色变幻效果时，所采取的过于客观的科学态度。他们主张，艺术形象要有别于客观物象，同时饱含着艺术家的主观感受。塞尚认为：“画画——并不意味着盲目地去复制现实；它意味着寻求诸种关系的和谐。”(《大水浴》，不求客观形似）凡高和高更则专注于精神性与情感的表现，其作品渗透着某种内在的表现力和引人深思的象征内涵，如凡高的《向日葵》、《自画像》、《星夜》，高更带有原始生命力的《塔希提少女》。后印象主义绘画偏离了西方客观再现的艺术传统，启迪了两大现代主义艺术潮流，即强调结构秩序的抽象艺术（如立体主义）与强调主观情感的表现主义（如野兽派、表现主义等）。所以，在艺术史上，后印象主义被称为西方现代艺术的起源。

立体主义画家自己曾声称：“谁理解塞尚谁就理解立体主义”，他们受塞尚“用圆柱体、球体和圆锥体来处理自然”的思想启示，试图在画中创

1 2

1 莫奈，《睡莲》
1899，布面油画，92.7厘米×73.7厘米，美国大都会艺术博物馆

2 塞尚，《圣维克多山》
1887，布面油画，67厘米×92厘米，英国科陶德艺术学院

P. Gauguin 91

造结构美。他们努力地消减其作品的描述性和表现性的成分，力求组织起一种几何化倾向的画面结构。虽然其作品仍然保持着一定的具象性，但是从根本上看，他们的目标却与客观再现大相径庭。他们从塞尚那里发展出一种所谓“同时性视像”的绘画语言，将物体多个角度的不同视像，结合在画中的同一形象之上。例如在毕加索（Pablo Picasso，1881—1973）的《亚维农的少女》一画上，正面的脸上却画着侧面的鼻子，而侧面的脸上倒画着正面的眼睛。该画被认为是第一件立体主义的作品。而立体主义运动则通常可分为两个阶段。一个阶段是1912年之前的所谓分析立体主义。画家们继承了塞尚对绘画结构进行理性分析的传统，试图通过对空间与物象的分解与重构，组建一种绘画性的空间及形体结构。1912年以后，立体主义运动进入第二阶段，通常被称为综合立体主义。此时色彩在画中起了有力作用，但形体仍然支离破碎，只是更大和更富于装饰性。立体主义虽然

1 | 3
2 |

1 凡高，《星空》
1889，布面油画，73厘米×92厘米，纽约现代艺术博物馆

2 高更，《塔希提少女》
1891，布面油画，69厘米×91厘米，法国奥赛美术馆

3 毕加索，《亚维农的少女》
1907，布面油画，244厘米×234厘米，纽约现代艺术博物馆

是绘画上的风格，但对20世纪的雕塑和建筑也产生了深远影响。

野兽派画家热衷于运用鲜艳、浓重的色彩，往往用直接从颜料管中挤出的颜料，以直率、粗放的笔法，创造强烈的画面效果，充分显示出追求情感表达的表现主义倾向。野兽主义得名于1905年巴黎的秋季沙龙展览，当时，以马蒂斯（Henri Matisse，1869—1954）为首的一批前卫艺术家展于同一层厅的作品引起轩然大波，有人形象地将这些画称作“一罐颜料掼在公众的面前”。马蒂斯和毕加索一起，被认为是20世纪最重要的两位大师，他笔下的人体，身体和四肢的比例完全是失调的，但却具有一种让人震撼的生命力。

挪威画家爱德华·蒙克（Edvard Munch，1863—1944），堪称20世纪表现主义艺术的先驱。他在忧郁、惊恐的精神控制下，以扭曲的线型图式表现他眼中的悲惨人生。这和卡夫卡的小说有着异曲同工之妙。他一生中最重要的作品是所谓的“生命组画”。这套组画题材范围广泛，以讴歌“生命、爱情和死亡”为基本主题，采用象征和隐喻的手法，揭示了人类“世纪末”的忧虑与恐惧。蒙克1893年所作的油画《呐喊》，是这套组画中最为强烈和最富刺激性的一幅，也是他的重要代表作品之一。

除此之外，还有三种现代主义的艺术流派需要谈到。

1 | 2

1 爱德华·蒙克，《呐喊》
1893，90.8厘米×73.7厘米，挪威奥斯陆国家画廊

2 马蒂斯，《舞》
1909，布面油画，259.7厘米×390.1 厘米，纽约现代艺术博物馆

其一，是所谓的“未来主义”。未来主义最初是一场文学运动，它最初由意大利诗人马里内蒂（Malineidi，1876—1944）一手炮制。1909年，马里内蒂在法国《费加罗日报》上以浮夸煽情的文辞推出了“未来主义宣言”，他在思想上受尼采和伯格森哲学的影响，号召扫荡一切传统艺术、创建能与机器时代的生活节奏合拍的全新艺术形式。未来主义自此诞生，并迅速由文学界蔓延渗透至美术、音乐、戏剧、电影、摄影等各个领域。因为未来主义迷恋速度，热情讴歌现代机器、科技甚至战争和暴力，所以很不幸地被意大利法西斯利用，成了风靡一时但又昙花一现的事物。

其二，是所谓的“超现实主义”。在思想上，超现实主义受弗洛伊德的影响明显，热衷于表现超现实的幻想和梦境，喜欢挖掘人在潜意识感受到的事物。和短命的“未来主义”不同，超现实主义的影响几乎贯穿了整个20世纪，其代表人物有意大利的基里科（Ciorgio de Chirico，1888—1978）、德国的恩斯特（ Max Ernst，1891—1976）、西班牙的达利（Salvador Dali，1904—1989）和米罗（Joan Miró，1893—1983）等人。在超现实主义画派中，达利比其他画家更加声名显赫，或者可以说“臭名昭著”——这不仅仅因为他的那些想象力丰富得令人震惊的画面，更因为他那古怪得让人侧目

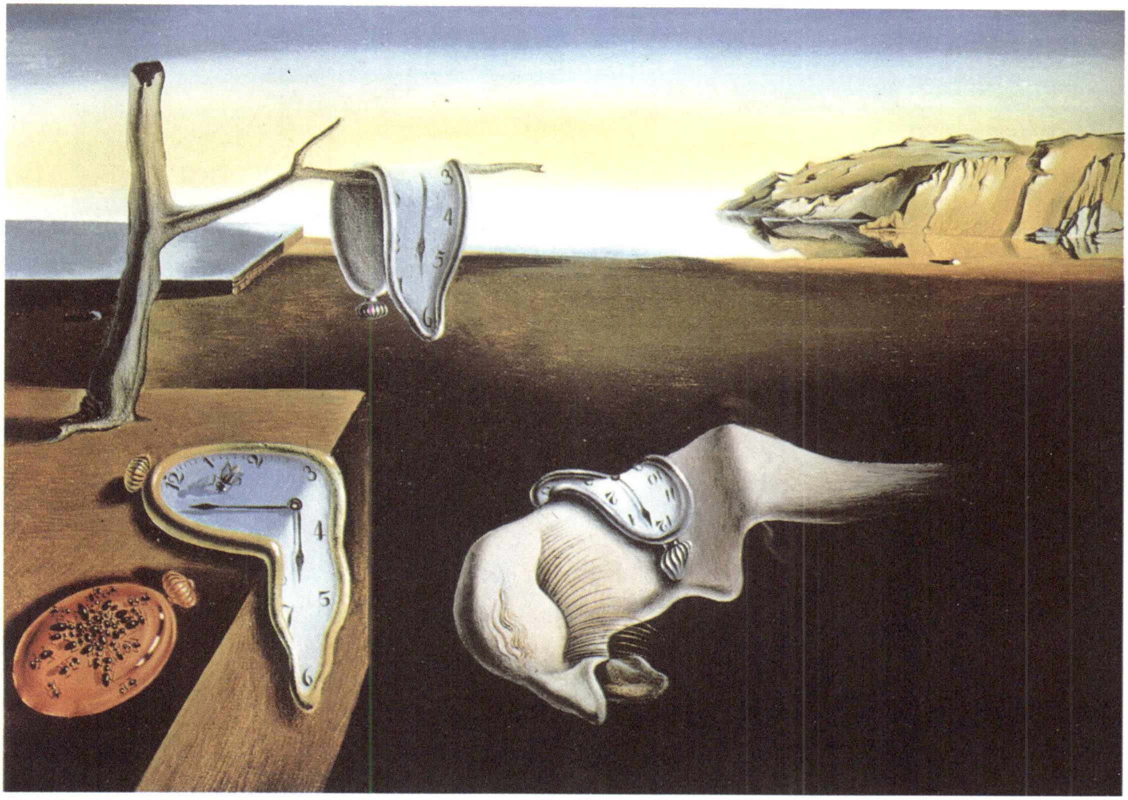

的形象和行为。我们不能不承认他是个天才，无论从艺术的角度还是从自我宣传的角度。他熟悉弗洛伊德的理论，一本正经地宣称自己和疯子的区别在于他不发疯。他精心侍弄他的小胡子，使之成为其身体上的一道独特风景线。他在画布上“做梦”，表现性、战争、死亡等非理性主题，其中最著名的有《记忆的永恒》、《内战的预感》等作品。达利不仅画画，还从事雕塑、电影拍摄、写作、珠宝设计等工作。他撰写《萨尔瓦多·达利的秘密生活》，表现出了卓越的文学才能。他曾与西班牙电影大师布努埃尔（Luis Bunuel，1900—1983）合作完成电影《一条安达鲁犬》，由于充满了噩梦一般的画面，这部电影成了20世纪最富有争议、最让人费解的电影之一。后来的电影大师希区柯克（Alfred Hitchcock，1899—1980）在自己的电影《爱德华大夫》中，用模仿达利的电影和绘画的方式，表达了对他的敬意。

米罗的风格和达利一样独特，几乎难以模仿。如果说达利的绘画是意

1 | 2

1 西班牙超现实主义艺术家萨尔瓦多·达利

2 萨尔瓦多·达利，《永恒的记忆》
1931，24.1厘米×33厘米，纽约现代艺术博物馆

义深刻的噩梦的话，那米罗的绘画就像是天真的孩子所做的快乐的梦。米罗的艺术是自由而抒情的。他的画中往往没有什么明确具体的形，而只有一些线条、一些形象的胚胎、一些类似于儿童涂鸦期的偶得形状（比如《鸟》《小丑的狂欢节》等，颜色非常简单，红、黄、绿、蓝、黑、白，在画面上被平涂成一个个的色块）。看起来，这些画自由、轻快、无拘无束。但是，如果你认为它们是漫不经心一蹴而就的，那你就错了。它们其实是艺术家自由幻想和深思熟虑相结合的结果。正如米罗自己所述："当我画时，画在我的笔下会开始自述，或者暗示自己，在我工作时，形式变成了一个女人或一只鸟儿的符号……第一个阶段是自由的，潜意识的。"但是，"第二阶段则是小心盘算。"因此，尽管米罗的画天真单纯，仿佛出自儿童之手，但它们绝没有儿童画的稚拙感，它们是缜密思考后的流畅活泼。和达利一样，米罗也涉猎广泛，他是一个优秀的雕塑家、舞台和平面设计家，1982 年西班牙世界杯足球赛令人印象深刻的吉祥物——"小橘人"就是出自米罗之手。

其三，是所谓的"抽象表现主义"。抽象表现主义是第二次世界大战以后出现的、以纽约为中心的一场广泛的艺术运动。从历史原因上说，战争造成了许多重要的法国和欧洲画家的流离失所，大家都来美国避难，并带给他们一种处身于现代运动中心的感觉。这些避难画家包括恩斯特、马宋（André-Aimé-René Masson，1896—1987）、达利、蒙德里安（Piet Cornelies Mondrian，1872—1944）、杜尚（Marcel Duchamp，1887—1968）等人。有

些画家（如毕加索和马蒂斯）尽管未曾来到美国，但对纽约的影响司样十分强烈。在各种现代艺术思想，尤其是立体主义、新造型主义和超现实主义思想的影响下，美国艺术获得了某种前所未有的新精神。第二次世界大战刚刚结束，抽象表现主义便迅速出现，并很快获得了世界性的影响。比如，我们中国人熟悉的朱德群（1920—2014）、赵无极（1921—2013）等华裔艺术家，他们主要的艺术成就也是从“抽象表现主义”或者他们称为“抽象抒情主义”的绘画中得来的。在这个时候。纽约第一次取代巴黎，成为世界艺术的中心。因此，抽象表现主义又被称为“纽约画派”。

杰克逊•波洛克（Jackson Pollock，1912—1956）是20世纪美国抽象绘画的奠基人之一。他的艺术，被视为二战后新美国绘画的象征。他崇拜塞尚和毕加索，对康定斯基那种富于表现性的抽象绘画和米罗那种充满神秘梦幻的作品也情有独钟。在他看来，现代艺术家不应当再像传统艺术家那

1 | 2 | 3

1《一条安达鲁犬》电影经典镜头

2 由米罗设计的1982年西班牙世界杯吉祥物“小橘人”

3 米罗，《小丑的狂欢节》1924—1925，66厘米×93厘米，纽约阿尔布莱特·诺克斯画廊

样追求再现，而应该关注内在精神和情感的表达。对波洛克艺术影响最大的，还是那些来自欧洲的超现实主义艺术家所带来的思想。在观念上，他继承了超现实主义“自动写作”的思想，让画笔随着自己无意识的行动移动，尽量避免有意识的控制，他自己坦言：“一旦我进入绘画，我意识不到我在画什么。只有在完成以后，我才明白我做了什么。”绘画作品成为画家由情感所支配的行为的直接记录。而在技巧上，他吸收了印第安人创作沙画的方法，用“滴洒”（有点中国山水画中泼墨的意思）的手法创造了一种“满幅”的构图风格。我们知道，传统的西方绘画，往往都有一个备受关注的视觉中心。而在波洛克的画面上，这种差别消失得无影无踪，所谓画面的中心，已全然无迹可寻。画面散漫无际，全面铺开，毫无主次。这种无重点满幅展开的画法，在印象派画家莫奈的晚期名作《睡莲》中，其实已

1 赵无极，《山水》
1961，油画，95厘米×110厘米，私人收藏

2 杰克逊·波洛克，《作品1号》
1948，布面油画，纽约现代艺术博物馆

3 德·库宁，《女人与自行车》
1952－1953，布面油画，194厘米×124厘米，纽约惠特尼艺术博物馆

初见端倪。而波洛克在画中将之发展到了前所未有的自由程度。波洛克这种自由奔放、无定形的抽象画风格，成了反对束缚、崇尚自由的美国精神的体现。

德•库宁 (Willem De Kooning，1904—1997) 是抽象表现主义的灵魂人物之一。在许多人看来，德•库宁的艺术似乎完整地体现了抽象表现主义某些方面的特征。他的艺术题材广泛，画风多变。在众多抽象表现主义画家中，德•库宁的画风显然与众不同。他并不像其他抽象表现主义画家那样彻底地丢弃形象，而是始终在一定程度上保持着画面图形的具象性。《女人与自行车》是德•库宁 20 世纪 50 年代早期的女人系列中的一幅。画面上，女性的形象在厚抹的黏稠颜料中出现。瞪着的眼睛、咧开的嘴巴、夸张的胸腹，使她看上去强悍可憎，令人生厌。德•库宁把他对偶像与神谕的兴趣与抽象表现主义的艺术探索结合起来，成功展示了美国民众的某种粗俗气息。尽管形象看上去一点儿也不讨人喜欢，但画面确实充满震慑力和表现力，并展露出行动的痕迹，一如波洛克的“滴洒”。在观念上，德•库宁和波洛克如出一辙，他说：“自然的方式是无序的，艺术家如果想使它有序则非常荒谬。”

“人死了”，“美”进退两难
——后现代主义美学

“后现代”的美学悖论

关于“现代主义”和“后现代主义”，当代的理论家们似乎总有着争论不完的话题。有两种最基本的观点：一种认为“后现代主义”就是“现代主义”合乎逻辑的延续，“后现代”文化转折的动力仍在于现代性，仍然是一种不甘停顿、不甘寂寞的品性，一种不断超越自我、刷新自我的冲动，因而本质上就是“现代主义”。他们的论据是许多现代主义大师如乔伊斯、尤奈斯库、贝克特、阿兰·罗勃·格里耶等后来都转入了后现代主义的营垒，而不少堪称经典的现代主义作品（比如超现实主义、达达主义）中，本来也不是没有一点后现代主义的影子。更重要的是，对于后现代主义，许多论者看到的往往是它对于永恒性、一致性、总体性、稳定性、连续性的否定，往往是它所表现出的不确定性、不稳定性、非连续性、无边界性、非中心性等。但仅此显然不能把握后现代主义的特别之处，这一切就是现代主义的特征。哈贝马斯等人坚定地持这一观点。

另一种观点认为，“后现代主义”是“后现代社会”或“后工业社会”的产物，它和现代主义有着本质的区别。在他们看来，后现代社会中，文化的原有定义颠倒了，传统文化的各种创作原则、语言、意义系统、形式和道德原则都走向零散化、边缘化、平面化、无深度。“后现代”所要表达的是一种“不确定性”、“模糊”、“偶然”、“不可捉摸”、“不可表达”、“不可设定”等精神状态和思想品位。后现代的生活方式是消费性的、游戏式的生活。人们醉心于赌注式的游戏活动，不再遵守传统道德和规范所规定的协调祥和的生活，宁愿在不断突破传统规定的叛逆性生活方式中尝试各种新的生活的可能性。但在“后现代社会”中，人的个性和完整的人格又在无可避免地消逝着，一切都是雷同、可复制的，一切又都处在消费生产

机制的覆盖之下，艺术从一种人的创造，变成了“非人”的消费和生产。后现代主义理论家利奥塔就学着尼采的口吻宣称，在后现代社会里，不仅上帝死了，人也死了。

在这种情况下，从美学上说，后现代主义与现代主义仅仅在反抗永恒性、一致性、连续性等传统准则这一点上保持着某种表面的相似性，在实质上已经相去甚远了。现代主义不论如何离奇出格，但它仍能谨守艺术的边界，将其反叛传统的冲动保持在美学的范围之内，它的种种艺术实验只是在想象中进行，一般不在实际生活中付诸实施。但后现代主义却逾越了艺术的边界，进入了日常生活，变成了实际行动，它对于传统准则的反叛不再仅仅是一种艺术狂想，而是在实际生活中加以实施的实践行为，介入

了社会体制、现实政治、大众需求和商品消费。

如果说现代主义更多表现出对于实际生活的疏离、不满和反抗的话，那么后现代主义则更多表现出对于实际生活的妥协、调和与迎合。后现代主义不像现代主义那样清高和超脱，而是抹杀了文学艺术与实际行动之间的天然界限，将文学艺术的变革创新化为经济行为，直接走上街头，引向日常生活，进入社会体制，它不再仅仅是一种形式、一种风格，而成了一种政治，对于感性化、商品化、大众化等后现代风尚起到了推波助澜的作用。

比起现代主义来，后现代主义已经放弃了对于终极问题的关心，而全身心地投入当下。以往现代主义总是以极为鄙夷的态度远离市场，厌恶铜臭之气，将商品交易视为肮脏的勾当，如今后现代主义却介入了市场机制，走向了商业化，市场逻辑渗进了文化领域，现代主义全面进入了大众的日常生活，也成为大众化时代突出的文化征象。对于后现代主义来说，大众是文化产品的接受者，更是文化产品的买主和顾客，正是由他们的购买力构成了文化市场。当文化成为一种商品时，市场需要就成了铁律，大众的趣味爱好就有权利得到充分的尊重，而生产者则必须无条件地服从，否则他就将失去市场，失去销路，导致整个经济运作流程的梗阻，生产便难以为继。面临这样的局面，文化便无法继续保持那种孤傲和超然，无法继续采取那种自律的态度和立场。就是在这一尴尬的境地中，文化心态发生了微

1 | 2

1 理查德·汉密尔顿，《究竟是什么东西使今天的家庭如此的不同，这么吸引人？》
1956，纸上拼贴，26厘米x25厘米，德国图宾根艺术馆

2 蓬皮杜国家艺术文化中心
文化中心的外部钢架林立、管道纵横，并且根据不同功能分别漆上红、黄、蓝、绿、白等颜色。因这座现代化的建筑外观极像一座工厂，故又有“炼油厂”和“文化工厂”之称。整座建筑共分为工业创造中心、大众知识图书馆、现代艺术馆以及音乐音响谐调与研究中心四大部分。

妙的变化，迎合大众趣味，追随流行时尚，顺从市场需求，成为新的道德规范和行为准则，特立独行和标新立异不再吃香。

即便我们赞同第二种观点对“后现代主义”的判断和界说，那“后现代主义”在美学上也存在他不可避免的悖论。比如说，艺术不可能在真正意义上做到“拆除深度模式”，即便是一种无意义的“意义”，也是一种深度。后现代主义文艺往往采取戏仿、解构和反讽的手法拆解传统的艺术形象和规则，但在拆除的背后它同样是在表达某种思想，这又回到了它自己反对的情况之中了。再比如，艺术和现实之间界限模糊了，那艺术似乎就是无所不在的，艺术家也就不存在了，那现实中的后现代主义艺术家们的存在又作何解释呢？如果说，他们有和一般人不一样的地方，那么是不是说明，艺术并没有走到所谓的“后现代主义”境遇中，还是现代主义呢？从这个意义上讲，后现代主义美学处在一种进退两难的境地：进，则取消了美学和文艺；退，则回到了现代主义。

理论上的争论总是显得太复杂，到底是哪一种理解更符合当代的文化状况，恐怕是一个见仁见智的问题。相比较理论玄思而言，“后现代主义”的文学艺术也许能给我们一些关于后现代美学更直接、更确定的感受。

后现代主义文学艺术

后现代主义文学，从纷繁复杂的程度上说，较之于现代主义，有过之而无不及，而且如前所述，两者之间的关系暧昧，在一些细微之处，我们很难确切地套用某种美学标准，说这是现代主义，那是后现代主义。

比如说，对20世纪文学中非常重要的拉丁美洲“魔幻现实主义”文学的评价，就很困难。我们熟知的哥伦比亚作家马尔克斯（Gabriel José de la Concordia García Márquez，1927—2014）的《百年孤独》，通过对一个家族奇特的发展史的记述，隐喻出拉美的历史。从其意义结构上说，这是一种典型的“深度模式”，似乎应该属于现代主义，但在这个故事中，种种和西方现代主义完全不同的叙述方式和艺术手法，同时表现了最不可思议的奇迹和最纯粹的生活：和卡夫卡等人的表现主义文学不同的是，“魔幻现实主义”不去用夸张的笔法去表现人的内在精神，不太注重心理描写，而是关

注荒诞离奇的情节。但是，和超现实主义或者荒诞派文学又不同的是，它的荒诞离奇的情节又不像后两者那样舍弃了现实世界，而是在实实在在的拉美的现实中进行的。在这里，西方之外的拉丁美洲，提供了一种全新的感知世界和表达现实的方式——以印第安人或印欧混血儿的传统观念感知和反映拉美的现实，人对周围事物的幻想和印象渐渐地转化为现实，使得人们对“现实的魔幻”信以为真，对“魔幻的现实”习以为常。在很多的拉美作家看来，所谓的“魔幻现实主义”并不是他们刻意的创造，而是在拉美现实和历史文化环境中自然而然的产物。以西方的美学观点，人们把拉美“魔幻现实主义”文学这样一种异于西方文学的形态归入“后现代”，一方面是由于其本身确实表现出一些和“现代主义”不一样的美学形态，另一方面也是由于由地域文化的差异导致的对某种既成的审美习惯的突破。其实，当代的西方文化有时候也在其自身传统之外，寻找某种和其“异质”的文化艺术元素，比如说，东方文化、非洲文化，作为新的“后现代”的增长点，这也是当代西方“后现代主义”的一种潮流。

阿根廷著名的小说家博尔赫斯（Jorge Luis Borges，1899—1986），和一般的“魔幻现实主义”小说家比起来，更加的“西方化”。他一生没有写过长篇小说，和中国的鲁迅（1881—1936）一样，是20世纪少数几个因为中短篇小说的成就而享有世界声誉的大师。他的小说，叙事如迷宫一般充满着“圈套”，处于一种极端的幻想性和游戏性之中，他曾经说，文学即游戏，尽管是严肃的游戏。在他看来，游戏的唯一规则是放弃现实，拥抱幻想、拥抱假设、拥抱偶然。同时，他突破了小说的文本界限，有的时候像

1 2

1 1967年出版的第一版《百年孤独》

2 阿根廷作家博尔赫斯

是学者在玄思和推理，有的时候，又像一个孩童在玩文字游戏。博尔赫斯一生与图书馆为伴，晚年当他失明之后，他竟然还成了阿根廷国立图书馆的馆长，在他那看不清世界的眼里，似乎书里的世界和文字就是真实的生活，所以他在不断地模糊与消解现实与文学、哲学与文学、真实与虚构、评论和小说之间的界限。从这个意义上说，他的小说似乎要比一般的“魔幻现实主义”小说，更像是“后现代主义”的作品。

除去拉美文学这种“非典型”的作品，还有同样众多的典型的后现代主义文学。我们之所以说它们典型，主要有两个层面的意思：第一，在意义结构上，这些作品表现出的是一种无意义的混乱，在文字的背后，似乎根本就没有什么深意，文学成了“词语的狂欢”。第二，从艺术手法上说，这些作品要么是针对业已存在的传统作品或传统样式进行戏仿和解构，要么就是把各种各样的元素随机地选择、复制、拼贴起来。

这其中，美国小说家品钦（Thomas Pynchon，1937— ）的《万有引力之虹》，常常被认为是最极端的拼贴之作，小说没有什么故事情节，由各种各样的零散插曲和似是而非的议论组成，内容涉及了现代物理、高等数学、性心理学、火箭工程等多个领域。喜欢的人认为这是“后现代主义”的杰作，其伟大程度简直可以和现代主义的杰作《尤里西斯》媲美。不喜欢的人认为，这种作品冗长而没有意味，内容杂乱到无法阅读，根本就是垃圾。

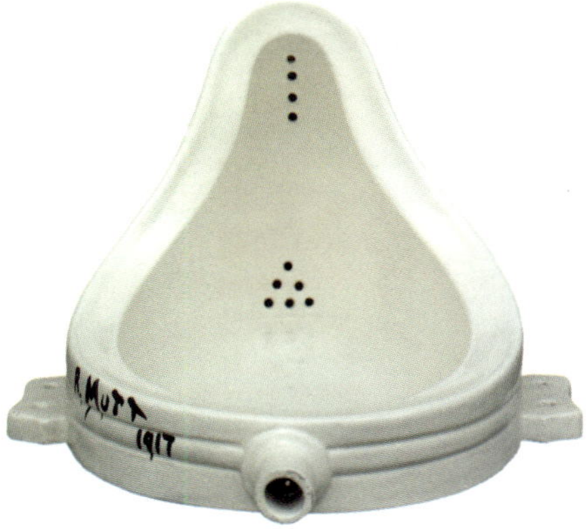

同样是美国的小说家巴塞尔姆（Donald Barthelme，1931—1989），他所遵从的写作原则和品钦的相似——“零乱是有趣而且有用的”。他不仅在小说中夹杂进一些毫无意义的口头禅、接近胡闹的插科打诨，甚至还在小说发表或出版的时候，在小说的文本中夹杂绘画、照片以及其他的符号，进一步在形式上进行拼贴。他也是西方最早有意识地使用戏仿手法进行写作的作家之一。他的代表作《白雪公主》，就是通过对格林经典童话的戏仿，用现代都市的新故事宣告了那样一个纯真的童话时代的终结。

意大利小说家卡尔维诺（Italo Calvino，1923—1985）也是一个使用戏仿技巧的高手。他曾经编过一本《意大利童话》，对于传统童话的样式是再熟悉不过了，所以他就模仿童话的样式和语言，写了《我们的祖先》。更绝的是，他的另两本长篇小说，《宇宙奇趣》和《看不见的城市》，前者是模仿天文学论文的方式，后者是模仿历史地理随笔的方式写作小说。这些都是“后现代”的典型文本。

我们再来看造型艺术的情况。

前面讲到“达达主义”，其主要成员法国人杜尚就被认为是西方后现代艺术的先导人物。他是最早使用戏仿的手法质疑和嘲弄传统艺术价值的人，他曾经把一个家庭卫生间里常用的小便器签上他的大名，然后送到美术馆参展，还给他的这件“现成品艺术”起了一个很诗意的名字——《泉》，我们不知道他的这件作品是不是在影射和反讽法国新古典主义画家安格尔同名的画作，但最起码这反映了杜尚对传统艺术的反叛和嘲弄。和这件作品类似，杜尚还在达·芬奇的名作《蒙娜丽莎》的复制品上为她加上了胡须，成

1 2 3

1 美国小说家品钦

2 意大利小说家卡尔维诺

3 杜尚，《泉》
1917，瓷，360厘米×480厘米×610厘米，伦敦泰特美术馆

为一件他自己的《蒙娜丽莎》，这种恶作剧式的手法，在艺术观念变革的时代，是非常有意义的，也博得了后来者的赞赏和效仿。比如，美国后现代音乐家约翰·凯奇（John Milton Cage Jr.，1912—1992）有一首著名的后现代作品叫《4 分 33 秒》，这首作品是什么样的呢？据说，在一次音乐会上，约翰·凯奇宣布自己要用钢琴演奏一首新的乐曲，听众们知道这个消息当然是很高兴，他们满怀期待地看着约翰·凯奇坐到了钢琴前，只见他打开钢琴盖，抬起了双手，但接着又放了下来，然后平静地坐在那里，没有去碰任何一个琴键。开始的时候人们以为他在酝酿情感，都屏息注视着他，但时间一点点过去，他还没有动作，议论、喧闹甚至是嘘声随着时间的推移渐渐产生，4 分 33 秒之后，约翰·凯奇站起来谢幕，说自己的作品已经演奏完成，乐曲的名字就叫《4 分 33 秒》。这种完全取消了音乐形式的作品，成了第一首“后现代音乐”，可见，嘲弄传统在“后现代”艺术中是多么重要！

前面说过，20 世纪产生于美国画坛上的抽象表现主义，标志着西方现

代艺术中心从巴黎转移到了纽约。如果说，这个画派是欧洲现代派绘画在美国的延续的话，那么此后在美国所产生的种种绘画流派，则全然是美国人自己的创造。这其中，“波普艺术”最具有代表性——它一方面代表了和欧洲风格不同的美国风格，另一方面代表了和现代主义艺术不同的后现代艺术。如果说，杜尚或约翰·凯奇式的后现代艺术，主要是在对传统解构和反讽，是在“破”的话，那“波普艺术”则是从正面反映后工业社会的商业气息和机械复制状态，是在“立”了。

波普艺术出现在20世纪50年代中后期，按照利希滕斯坦（Roy Lichtenstein，1923—1997）的说法，“把商业艺术的题材用于绘画就是波普艺术”。它取材通俗，视觉图像简单直接，并且排除个性的流露，带有高度类型化的气息。在波普艺术家眼中，艺术就是生活，生活就是艺术。它可以直接以现实生活中的物品为题材，而生活中的物品也可以直接作为波普艺术作品。在波普艺术中，最有影响和最具代表性的画家是安迪·沃霍尔(Andy Warhol，1927—1986)。他的绘画图式几乎千篇一律。他把那些取自大众传媒的图像，如坎贝尔汤罐、可口可乐瓶子、美元钞票、蒙娜丽莎像以及玛丽莲·梦露头像等，作为基本元素，用它们在画上进行机械复制和排列。他试图完全取消艺术创作中的手工操作因素。他的所有作品都用丝网印刷技

1 2 3

1 杜尚，《下楼梯的裸女：第二号》
1912，布面油画，146厘米×89厘米，美国费城艺术博物馆

2 杜尚，《带胡须的蒙娜丽莎》
1919，19厘米×12.7厘米，私人收藏

3 美国后现代音乐家约翰·凯奇

术制作，形象可以无数次地重复，给画面带来一种特有的呆板效果。对于他来说，没有“原作”可言，他的作品全是复制品，他就是要用无数的复制品来取代原作的地位。他有意地在画中消除个性与感情的色彩，不动声色地把再平凡不过的形象罗列出来。他有一句著名的格言：“我想成为一台机器”，实际上，安迪·沃霍尔画中特有的那种单调、无聊和重复，所传达的是某种冷漠、空虚、疏离的感觉，表现了当代高度发达的商业文明社会中人们内在的感情，这是一种典型的后现代状态。

玛丽莲·梦露的头像，是沃霍尔作品中一个最令人关注的母题。在1967年所作的《玛丽莲·梦露》一画中，画家以那位不幸的好莱坞性感影星的头像，作为画面的基本元素，一排排地重复排立。那色彩简单、整齐单调的一个个梦露头像，反映出现代商业化社会中人们无可奈何的空虚与迷惘。

利希滕斯坦是以画卡通式的图像而著名的。与安迪·沃霍尔一样，他不仅对日常生活中的平凡琐事以及现代商品化社会的粗俗形象偏爱有加，而且，还喜欢以一种不带个性的、中性的方式，来处理这些形象。对于它们，他既不攻击批评，也不吹捧美化，只是简简单单地陈述——这就是我们身临其境的城市，这就是那些组成了我们生活的图像和象征符号，这就是所谓的“拆除深度”。1961年他开始将那最为平淡无奇的连环漫画中的形象，放到他的大幅的画面上去。他津津有味地用油彩或丙烯颜料，将那些连环漫画原样放大，甚至把那廉价彩印工艺中的网点，都不厌其烦地复制出来。《在钢琴边的女孩》是一幅具有典型的利希滕斯坦画风特点的作品。整幅画复制了一幅连环漫画，比原作放大了五百多倍。画家不仅把原作的构图与人物形象准确复制下来，而且对原作者的笔法以及丝网印刷的网点作了精心

细致的模仿。他借用广告画家的放大格，逐格将连环漫画上的图形一成不变地从小格转移到画布的大格上去。他还采用特制的金属雕版，上面打有整齐的小孔，把大片的小圆点有规则地排立在巨幅的画面上，有意模仿印刷工艺中的网点，以表明其放大的连环漫画的通俗文化色彩。

与文学的情况有所不同的是，“后现代”的造型艺术，还表现为艺术形式、艺术媒介的创新和反传统。比如说，装置艺术，顾名思义其把各种现成元素像装配一台机器一样，在某个特定的空间和场合组合起来，拼贴的意味很重；比如，行为艺术，以人的行动为媒介，不再以形象或者文字为媒介，取消了客观的现实世界和虚构的艺术世界之间的界限。再比如观念艺术、极简艺术等，直接取消了造型艺术对形象的运用，认为一个观念一个想法，并不需要实施，就已经是艺术作品了。还比如，视觉艺术、多媒体艺术等，最大化地吸收了后工业时代的科技成果，重新定位和定义艺术。总而言之，就像我前面说的那样，后现代主义的艺术图景，就像我们在万花筒中看到的世界那样，纷繁复杂又不可思议，似乎相当的机械呆板又似乎充满了创造性。

还是那句话，由于篇幅所限，我们这只能是管中窥豹、只见一斑。现实中的文学艺术，总是要比我们通过文学史或者艺术史了解到的更加鲜活，更加庞杂。能够为大家梳理出一个简单的脉络，来作为我们了解西方美学发展的佐证，笔者就心满意足了。

1 利希滕斯坦，《也许》
1965，丝网印刷，61厘米×81.3厘米，私人收藏

2 利希滕斯坦，《在钢琴边的女孩》
1963，丝网印刷，96.5厘米×137.2厘米，私人收藏

3 安迪·沃霍尔，《玛丽莲·梦露》
1962，布面油画，51厘米×41厘米，私人收藏

4 安迪·沃霍尔，《100个坎贝尔汤罐》
1962，布面油画，纽约阿尔布莱特·诺克斯画廊

后 记

因为在大学的艺术院系当老师的缘故，所以要在讲台前面对一茬又一茬始终年轻的面孔讲述看似古老的美学课。

这种特殊的“身份”，给我提供了关于这本书的最初想法：应该用怎样的方式去把庞杂而又深邃的西方美学表述得清晰而又有趣呢？那首先要去“读”——从自身的知识背景出发去表达具体的阅读经验而非抽象的概念，从自己的疑问出发解答疑问，解答不了的也要表达疑问。但最后还是要去“讲”——借鉴前人的归纳和研究，寻找到清晰的线索，把趣味性和知识性结合在一起。本书在这一方面做了一些努力和尝试，但愿结果不要背离初衷太远。

这本关于西方美学的书，并不是一本严格意义上的西方美学简史，因为按照美学史的标准，这其中的学术性并不很强，资料也不十分密实。不过，这也不是一本“象牙塔”里刻板的西方美学教材，笔者注重在找到既基本合理又相对独特的线索之后，把西方美学理论与西方美学实践融会贯通，与读者一起经历一次美的历程，也许我们会发现即便是走马观花也是有收获的。希望能让读者觉得把握思想的轨迹和历史的脉络不是一件困难的事情，理论和哲学是充满趣味性的，文学和艺术也不再显得那么难以捉摸，美学、哲学、文学、艺术在书中相互解说、相互对照。当然，这本书也不是什么“专家意见”，只是一个同时爱好美学和艺术的人与您分享他的知识和感受，并邀请那些对此有兴趣的人们一同走过一段旅程。

感谢张芸女士和赵珏小姐对这本书的帮助，还有很多其他需要感谢的人在此一并致谢。写作这本书的过程中，我有时会想，如果这不是写作而是真的站在讲台上，我该怎么说才能引起他们对美学浓厚的兴趣呢？这种时候，我总觉得，那些我叫得上名字和叫不上名字的学生们是这本书潜在的参与者。希望我没有让学生们失望，因为我知道如果他们失望了，读者也一定会失望的。

2015 年 3 月 14 日于上海 立雪斋

A Journey of Western Aesthetics

即便走马观花，依然精彩纷呈。